循環型地域社会のデザインと
ゼロ・ウェイスト

寺本博美[編著]

三重中京大学地域社会研究所叢書8

和泉書院

はしがき

　環境と経済の間に、新しい意識が生まれつつある。しかしながら、経済活動と環境の関係の歴史は新しくない。国をささえる経済活動が地方の自然環境や生活環境におよぼす影響に注意が喚起されるまでには、多くの時間が費やされてきた。

　「環境と経済の好循環ビジョン」（HERB 構想）が、中央環境審議会総合政策部会「環境と経済の好循環専門委員会」における検討を経て、2004年5月に策定された。「環境先進国」を創造する日本の環境大臣小池百合子は、「環境ビジネスを花開かせ、雇用を生み、経済に深みと広がりをつける。環境立国・日本を築く、それが私の使命です。」という（環境ビジネスウィメン懇談会編『環境ビジネスウィメン』日経BP社、2005年）。

　筆者たちが所属する三重中京大学（旧松阪大学）において地球環境をテーマとして記念シンポジウムが開催されたのは、1992年10月であった。3週にわたるシンポジウムの記録は『グローバルな環境問題を考える』（代表中村元、福村出版、1992年）として刊行された。同年6月にはブラジルのリオデジャネイロで「環境と開発に関する国連会議」（略称「地球サミット」）が開かれている。1992年は、バブル経済崩壊直後、くしくも「平成不況」が始まった年であった。

　その後、容易に回復しない日本経済のなかで、時代の風は「構造改革」と「三位一体の改革」（地方分権の推進）、すなわち「自立」に向かって吹き、地方では自ら政策を形成し展開しなければならなくなってきた。とくに、過疎、高齢、少子の三重苦のなかで地域社会の持続可能性を求めなければならない地方では、政策のデザイン思考の中心に環境問題が置かれる傾向が強まる。わが国の国土面積の約70パーセントが森林面積であり、地域社会自体が自然環境の

なかにあることの証左でもある。他方、高度経済成長のもとで結果として不利益を被った地域経済は、量的拡大ではない質的な拡大という、これまで経験のないフロンティアに直面することになった。

　現代の地球環境問題はマクロの問題であるといわれる。しかし、環境問題は、むしろ直接われわれの生活と深く関わりをもつミクロの問題である。地球温暖化などは全体としての環境指標であり、ミクロの人間活動の集計指標である。廃棄物についても同じである。経済合理性にもとづいた、独立した個としての人間活動の総和が、社会の幸福をもたらすことを理想とし、合成の誤謬をまねかないようにする。こうした観点に立てば、環境問題は大都市問題というよりもむしろ地域社会の問題であり、地域市民の問題である。ここに地域社会が21世紀に持続可能であるためにデザインすることの意義を見出すことができるであろう。

　以上のような背景のもとにわたしたちは、地域社会の持続可能性を「循環型地域社会の設計と社会資本の整備」というテーマで調査研究を企画した。この研究は、寺本と若山が三重県松阪市の合併時期に前後して「松阪市環境基本条例」と「松阪市環境基本計画」の策定に関わりをもったことから生まれた。

　この研究の特徴は、とくにイギリス人 Robin Murray の着想にある。すなわち、Murray は産業政策と環境問題の組み合わせを「ゼロ・ウェイスト」(Zero Waste) というフレームで考え、廃棄物の脱焼却と脱埋立をあわせて提案した。ゼロ・ウェイストは、生産過程における欠陥製品ゼロ (zero defects)、排出物ゼロ (zero emissions) のように日本の産業における総合品質管理 (TQM) に由来する概念である。「無駄」は日本の企業とは無縁である、と日本政府はいうが、本来的に Waste がないのが、経済学のいう経済合理性である。したがって、Waste を「ごみ」と邦訳するところから、「ゼロ・ウェイスト」を「ごみゼロ」と同一視すると少なからず混乱をまねく恐れがあるが、この研究では、Waste を経済学の範ちゅうのなかに押し込める。また、循環型社会についても有限空間における物質・エネルギー循環はもちろん貨幣循環や

人間の移動に関連するものを含めている。ゼロ・ウェイストの実践と社会実験は、徳島県勝浦郡上勝町において展開されており、理論と実際を知ることは大切である。

　本書は、8つの章から構成されている。第1章「地域社会のデザインとゼロ・ウェイストの経済学」では、これまでの経済問題と環境問題との間におけるトレード・オフという呪縛からの解放の可能性をゼロ・ウェイストという概念に求めるとともに、ゼロ・ウェイストの経済学における意味連関を探っている。第2章「ゼロ・ウェイスト政策への社会的費用論アプローチ」では、廃棄物が発生する社会経済システムの原因を社会的費用の概念に求め、ゼロ・ウェイストが社会的費用論のなかで説明されている。

　第3章「ゼロ・ウェイスト政策の展開―徳島県勝浦郡上勝町の実験1―」は、循環型地域社会の形成をゼロ・ウェイストによって実現しようとわが国で初めて取り組んでいる徳島県勝浦郡上勝町の実験例を記述している。第4章「ゼロ・ウェイストを通じた地域資源の活用と創造―徳島県勝浦郡上勝町の実験2―」は、第3章の続編である。いわゆる「ごみ」問題ばかりではなく、木質バイオマスエネルギーへの取り組み、地域通貨の導入、さらに地域資源の保護と地域経済の発展に寄与することを目的とした「日本で最も美しい村」連合（創設の背景は「フランスで最も美しい村」連合にある。）への参加が、実験例として記述されている。第5章「ゼロ・ウェイスト政策の最近の動向と今後の方向性」では、上勝町以外の地域、三重県、静岡県榛原町（現牧之原市）、石川県七尾市などで取り組み、試みられているゼロ・ウェイスト関連の政策について概観し、ゼロ・ウェイスト政策の今後の方向性が探られている。

　第6章「バイオマスエネルギーを活用した地域内循環」は、環境とエネルギーという文脈における資源活用の再検討という大きな問題を背景にもつが、地域が国の補助などを受けながら個々に展開している地域エネルギーとしてのバイオマスエネルギー活用の可能性を実際の例をもとに探究している。

　第7章「循環型社会における地域交通政策」は、高齢、少子、過疎、エネル

ギー資源の有限など地域社会を取り巻く厳しい経済社会環境のもとでいかに「生活の質」(QOL)を確保することが可能かという問題を地域交通政策の観点から、金沢市、上勝町を例に考察している。

　第8章「持続可能な地域社会の創造に向けて―Local Agenda 21の経験から学ぶ―」は、EUにおける公共政策の一環として取り組まれている環境政策を中心にした地域公共政策を紹介するとともに、そこからわが国の地域社会の持続可能を制度の問題として考察している。

　本書は、先述の記念シンポジウムの延長線上にある。すなわち、昨年（2005年）逝去された前梅村学園副総長、元松阪大学学長梅村光弘先生は、開会の辞のなかで

　　「大学は学術と研究教育の場であります。松阪大学（現三重中京大学）は、こうした大学の使命を担いながら、地域に開かれた教育機関として、有為な人材を輩出する重大な任務を果たすべく、(中略)この度、「環境問題」を記念シンポジウムとして取り上げますのは、まさに松阪大学（現三重中京大学）の研究教育の原点を示すものであります。(中略)こうした大学としての研究教育姿勢が、まさに地域に根ざす大学としての使命であり、地域社会、さらには日本の発展に寄与するものと確信するからであります。(中略)こうした世界的な問題（地球環境問題）は、直接われわれの生活に密接に関わりを持つものであります。環境問題の背景にある社会・経済構造を「地球にやさしい」ものにするための方法と試みが市民生活の中に直接問いかけられているからであります。この問いかけには、これまでの私たちの生活を見直すための意識変革が当然のごとく求められるものであります。」

と述べられている。梅村光弘先生から受けた学恩に報いるために本書を捧げた

い。

　来年度（2007年度）は地域社会研究所創設20周年を迎える。記念事業が予定されているが、それに先立ち今秋に、松阪市との共同主催で笠松和市氏（徳島県上勝町町長）および松岡夏子さん（NPO法人ゼロ・ウェイストアカデミー事務局長）を迎えたシンポジウムを企画した。本書とともに記念のなかに加えたい。

　この研究の過程で多くの方々の協力を得た。訪問調査では多くのひとたちから有益で貴重な意見を聴くことができた。すべてのひとの名前をここに掲げることは紙幅の制限でできないが、とくに上勝町の笠松和市町長、星場眞人参事、東ひとみ産業課課長補佐、吉積弘成同課係長、そしてNPO法人ゼロ・ウェイストアカデミーの松岡夏子事務局長には感謝したい。

　また、本書を三重中京大学付属地域社会研究所叢書に加える機会をあたえていただいた地域社会研究所の伊藤力行所長に感謝したい。出版に際しては、同研究所の西村高雄顧問（前事務長）および岡喜理夫事務長から配慮をいただいた。さらに和泉書院の廣橋研三氏には編集の面などでお世話をいただいた。

　なお、この研究は、2004年度および2005年度の地域社会研究所自主研究として研究助成を受けた。記して感謝する。

　2006年8月

寺本　博美
久保山の研究室にて、執筆者を代表して

目 次

はしがき……………………………………………………………………… i

第1章　地域社会のデザインとゼロ・ウェイストの経済学……… 1
1　はじめに……………………………………………………………… 1
2　地域社会のデザイン思考………………………………………… 3
3　地域経済と環境経済……………………………………………… 5
4　ゼロ・ウェイストの経済学………………………………………12
5　結びにかえて—循環型地域社会形成の課題— ………………16

第2章　ゼロ・ウェイスト政策への社会的費用論アプローチ………23
1　はじめに………………………………………………………………23
2　大量廃棄型社会の構造と社会的費用……………………………24
3　社会的費用という概念について…………………………………26
4　ゼロ・ウェイストにおける社会的費用、社会的基準…………29
5　結びにかえて—制度的視点からみたゼロ・ウェイスト政策の意義— ……39

第3章　ゼロ・ウェイスト政策の展開—徳島県勝浦郡上勝町の実験1— …45
1　はじめに………………………………………………………………45
2　上勝町の概況………………………………………………………46
3　ゼロ・ウェイスト宣言以前のごみ処理政策……………………49
4　ゼロ・ウェイスト宣言とゼロ・ウェイストアカデミー ………55
5　上勝町におけるゼロ・ウェイスト政策の効果と課題……………59

6　おわりに……………………………………………………………61

第4章　ゼロ・ウェイストを通じた地域資源の活用と創造
　　　　　―徳島県勝浦郡上勝町の実験2―………………………73
　　　1　はじめに……………………………………………………………73
　　　2　木質バイオマスの取り組み……………………………………74
　　　3　地域通貨の取り組み……………………………………………81
　　　4　「日本で最も美しい村」連合…………………………………86
　　　5　おわりに……………………………………………………………91

第5章　ゼロ・ウェイスト政策の最近の動向と今後の方向性………97
　　　1　はじめに……………………………………………………………97
　　　2　自治体におけるゼロ・ウェイスト政策に関する動き………98
　　　3　自治体主導でない新たなゼロ・ウェイスト政策に関する動き……103
　　　4　ゼロ・ウェイスト政策の今後の方向性
　　　　　―トップ・ダウンかボトム・アップか―……………………110

第6章　バイオマスエネルギーを活用した地域内循環………………127
　　　1　はじめに……………………………………………………………127
　　　2　バイオマスエネルギーの現状…………………………………128
　　　3　日本における木質バイオマスエネルギーの利用事例………133
　　　4　三重県における木質バイオマスの取り組み状況……………143
　　　5　おわりに……………………………………………………………147

第7章　循環型社会における地域交通政策……………………………151
　　　1　はじめに……………………………………………………………151
　　　2　社会的共通資本としての地域交通―効率性とQOLの観点から―…152

3　金沢市におけるTDM ……………………………………………… 159
　　　4　上勝町における地域公共交通政策……………………………… 163
　　　5　おわりに―地域交通の継続と維持に向けて― ……………… 168

第8章　持続可能な地域社会の創造に向けて
　　　　　―Local Agenda 21の経験から学ぶ― ……………………… 181

　　　1　はじめに………………………………………………………… 181
　　　2　わが国における公共政策……………………………………… 182
　　　3　社会指標化への動向…………………………………………… 186
　　　4　持続可能な公共政策…………………………………………… 191
　　　5　結びにかえて―地方自治体の役割― ……………………… 208

索　　引……………………………………………………………………… 215
執筆者一覧…………………………………………………………………… 220

第1章　地域社会のデザインとゼロ・ウェイストの経済学

寺　本　博　美

1　はじめに

　2006年2月4日、東京大学安田講堂にて「サステイナビリティ学が拓く地球と文明の未来」と題されるシンポジウムが開催された。環境省では、「環境と経済の好循環」を基本ビジョンに掲げ、小池百合子環境大臣は記念講演「サステイナビリティ―21世紀・日本の挑戦」のなかで、「環境保全と経済発展は対立するというこれまでの考え方から脱却し、両方を可能な限り高い水準で同時に達成していく。技術革新を促し、経済成長の原動力にすると同時に環境保全にも役立てることを目指します。」と述べている（日本経済新聞2006年3月5日）。

　環境問題が世界的に重要な政策課題のひとつとして登場し、その契機になったのは、1970年代の公害対策を中心としたものであった。1970年にアメリカ環境保護庁、同年にイギリス環境庁、71年にはデンマーク環境省、72年にフランス環境省、74年にドイツ環境省（連邦環境原子炉安全省）が設置されている。わが国では1971年に環境庁（2000年1月に環境省に改編、厚生省より廃棄物処理行政を移管）が設置されている。1972年にはローマクラブが、環境破壊などの人類の危機に対し、人類としての生存可能な道を探ることを目的とした『成長の限界』を発表し、人間生活の営み（経済活動）と環境破壊との間にあるトレード・オフの関係が強く認識された。

このように経済活動と環境との間で想定され現実に生起した公害現象から、これらふたつの事柄の間にはトレード・オフの関係があり、経済活動と環境との組み合わせの選択は、もっぱら分配上のゼロサム・ゲームとして理解されている。政治的には環境至上主義者と経済至上主義者との間における解決不能な対立として問題が固定されることになる[1]。環境保護が善で、産業が悪といった善悪対立的な二元論は危険である（小島（2006））。

しかしながら、上のような原理主義による不毛な対立を克服するために、「循環型社会」、「持続可能な社会」（sustainable society）、「エコサイクル社会」（丸尾（1997））、さらには「環境共生型循環社会」（月尾（2003））など、20世紀には馴染みの薄かった概念が、21世紀には社会形成・運営の基本概念として重要視されるようになってきた。これらの経済問題が希少性の世界の問題であること、同時に選択の世界の問題であること、そして経済学の領域では、新古典派経済学における生産可能性フロンティアのパレート改善的選択と技術の革新や進歩による生産可能性フロンティアの外延的拡大を経た解決の可能性を超えて、経済社会の内的発展、言い換えれば、量的拡大から質的拡大への転換が模索されはじめている（(Daly（1996））。

経済問題と環境問題は、地球全体のレベルであると同時に個々の地域における問題でもある。問題解決のモデルは、森よりも木を見るモデルの方が望ましいであろう。なぜならば、わたしたちは誰一人としてひとりで宇宙船地球号（Spaceship Earth）のキャプテンとして運行する能力を持ち合わせないし、合意の計算は費用超過となるであろうからである[2]。したがって、個々の地域が個々に解決していくモデル、とくに経済モデルとはどのようなモデルとして構築できるか、その考え方と方向性を展望することに一定の意義を見出すことができるであろう。

この章の目的は、環境を要においた地域社会の持続可能という問題、とくに近年、一方ではカナダやオセアニアの地域社会で政治的な運動あるいは政策として展開され、わが国では徳島県勝浦郡上勝町に代表されるゼロ・ウェイスト

(Zero Waste)、および廃棄物（waste）に関連する問題の理論的背景を既存の経済学に照らしながら概説することにある。

2　地域社会のデザイン思考

　地域社会の存続を危惧する風潮が近年高まっている。1992年の福岡県旧赤池町（現福智町）以来の夕張市による財政再建団体申請（2006年6月）はひとつの象徴である。地域社会の崩壊は、高度経済成長を契機に日本経済における空間的二重経済構造（地域間格差）の特徴として見られる社会現象である。これは地域社会の存続を求めた政策展開の結果であった。しかしながら、地域社会が経済循環はもちろん資源循環のなかにあることにかわりはない。地域社会は、本来、経済循環と物質・資源循環の和集合としての広義における循環型社会である。循環型の地域社会は、構成要素で見れば人的要素（人的資本）、物的要素（物的資本）、貨幣（地域通貨を含む）、移動（交通）、そしてエネルギーの総体である。冷静にみれば、経済循環に失敗すれば、自治体も破産する。経済原則からは地方公共団体といえども逃れられない審判である。

　21世紀の社会システムを形成・構築していくときの鍵概念が、循環型社会として今日広く認識されるに至っており、それにかかわる法体系が整備された。「循環型社会形成推進基本法」（2000年6月2日法律第110号）では、第2条において、循環型社会は

　　「製品等が廃棄物等となることが抑制され、並びに製品等が循環資源となった場合においてはこれについて適正に循環的な利用が行われることが促進され、及び循環的な利用が行われない循環資源については適正な処分（廃棄物（廃棄物の処理及び清掃に関する法律（1970年法律第137号）第2条第1項に規定する廃棄物をいう。以下同じ。）としての処分をいう。以下同じ。）が確保され、もって天然資源の消費を抑制し、環境への負荷ができる限り低減される社会をいう。」

と定義されている。

ここでは社会を基本的には環境という鍵概念で捉えると同時に循環も環境との関係においてのみ把握されている。したがって、循環的な資源利用と廃棄にかかわる内容に大別されている。

これを地域社会の存続と循環型社会への移行という観点から見れば、地域社会の21世紀型デザインは、Bobrow-Dryzeck（1987）の思考のフレーム・ワークから示唆されることが多い。従来の地域基幹産業による経済基盤（所得または雇用の確保）と大気汚染および住民の健康への悪影響、すなわち経済と環境の二項対立、他方で環境対応型新産業の誘致とそれにともなう環境低負荷の地域社会への移行とそこにおける新旧産業における再分配問題の解決の仕方は興味深い演習テーマである。

わが国において展開されている、たとえば「エコタウン事業」（1997年から実施）は、地方公共団体が作成する先導的な環境調和型まちづくり計画をエコタウンプランとして経済産業省と環境省が共同して認定する事業である。熊本県水俣市は地域公害問題の世界的な典型例であり、この事業の認定を受けているが、水俣病によって破壊された地域社会の存続（地域社会の蘇生）と環境経済への転換を喫緊の課題としている[3]。また、事業認定を受けている宮城県釜石市の例もひとつの典型である。近代製鉄業発祥の地であり、かつて人口は9万人を超えることもあったが、製鉄所の高炉閉鎖に伴い、大気汚染が減少したばかりでなく人口も43,598人（2006年2月末日現在）と半減している。本書の中心となる徳島県上勝町は、地域社会の持続可能性のデザインを構築するとき、環境経済の視点から眺めることができる[4]。環境経済だからといって、専門分化した手法ではなく、上勝町の歴史・文化、さらには町民の道徳・倫理観にも依存しており、上勝町の資源を所与として、その資源の総合的な活用の要が環境経済であるということである。

20世紀のデザインは、とくに都市の貧困をなくすことにあった[5]。誰でも質のよい日用品や住宅などが手に入るように、大量生産が賞賛された。しかし、

大量生産は先進国にモノをあふれさせ、地球規模の資源問題を引き起こしている。国の経済計画や地方自治体の総合計画の概念は、誰もが等しく健康で豊かに幸福に生活する権利があるという理念と密接につながっている。したがって、デザインのユニバーサリズムは、大量生産・大量消費、そして大量廃棄と相互に関連して、誰もが等しくという社会をある程度は実現したといえるであろう。しかしながら、コンピュータ技術が著しく発達し、1980年代のポスト・モダンのデザインは、CAD（computer-aided design）の使用により、商品の差異を人工的に生み出し、多様化したデザインのなかで新しいものが価値を持ち、自己拡張の運動を進行させた。結果として、差異化することのみを目的化し、多様な製品を市場にあふれさせた。

近代デザインと電子テクノロジーに支えられたポスト・モダンデザインは、単なる量的な拡大と差異を通した拡大の両者をもたらし、バブル経済の道を歩ませた。

地域社会は、こうした経済社会を背景としながら、そのなかに組み込まれてきた。そうだとすれば、21世紀の地域社会はどのような理念でデザインされるであろうか。電子テクノロジーによる生産システムの変化は、少量多品種生産に象徴される。それと対応するように、わが国では地方分権を梃子に地域社会は個性を求めるように誘導されている。地方分権が国主導であろうがなかろうが問題ではない。実践理論あるいは政策論としては問題を残しているが、「足による投票」（voting with ones' feet）とその投票の定着（定住）を決定するのは、地域社会のデザインである[6]。注意したいのは、個性を求めたデザインが競争の過程で、地域社会の仕組みや機能とはかかわりなく、差異そのものを自己目的化してしまうことにあろう。

3　地域経済と環境経済

地域経済の成長あるいは活性化とそこにおける主として自然環境との間に発

生する相克を解決することが、近年における地域経済学と環境経済学の双方から熱心に取り組まれている[7]。しかしながら、環境問題は広範囲の論点を含んでいる。日本における環境問題の歴史をさかのぼってみれば、地域社会との関係を見過ごすわけにはいかないであろう。四日市ぜんそく、水俣病、新潟水俣病および富山イタイイタイ病、いわゆる四大公害は周知のとおりである。生産活動の副産物としての大気と水の汚染とそれに起因する人体への重大な悪影響という地域公害問題であった。

地域経済は、一国の経済成長と密接にかかわりを持っている。日本の高度経済成長は、大都市のみに生起したのではなく、生産を支える中間生産物と最終生産物の生産をとおして、地域経済が潤ったことの総体として理解することができる。地域経済の成長の根幹に環境経済の問題の核心が潜んでいた。

その後、生活環境、アメニティ、さらに地球環境と地域から地球全体へと関心領域が広がっていった。その間、環境問題の根底には、経済と環境との間にある関係が問題解決の方向を制約し続けてきたし、依然として重要な論点を形成している。

3.1 経済成長と環境

経済と環境は、物質収支の原則を通して密接に結びついている。経済は環境から物質がインプットされ、生産、流通、消費のそれぞれの過程で環境に物質を廃棄物としてアウトプットしている。このことは、経済が大きくなるほど、それだけ廃棄物がより多く生み出されることを示唆している。図1-1は日本の場合についてその関係を示している。横軸に国民可処分所得を、縦軸にごみ総排出量を測り、プロットしたものである。近年は、国民可処分所得は減少傾向にあるが、ごみの総排出量はやや増加気味である。

成長を制限するであろう要因として、ふたつ考えられる。ひとつは、成長に対する廃棄物受入れの限界である。経済システムが生み出す廃棄物を受け入れる自然環境は限られた能力しか用意されていない。他方、成長にたいする廃棄

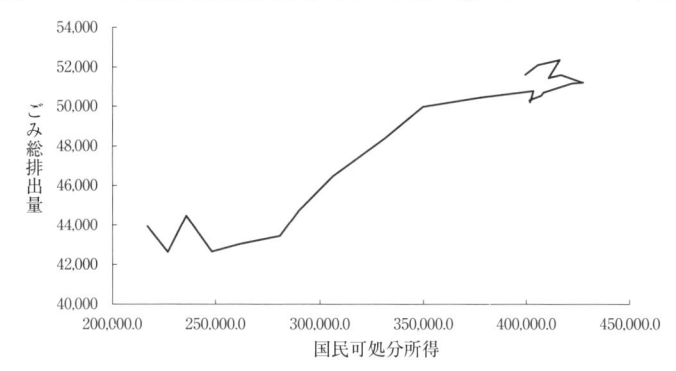

図 1-1　ごみ総排出量と国民所得（1980-2002年度）（単位：1000t、10億円）

出所：内閣府国民経済計算 SNA および環境省大臣官房廃棄物・リサイクル対策部廃棄物対策課「日本の廃棄物処理」（各年度版）より作成。

物受入れの限界は、分業と密接に関係している。廃棄物処理における分業は、域内分業、地域間分業として理解され、分業は市場の大きさに制限される[8]。ごみの域外処理についても廃棄物産業の大きさが域外処理の可能性を制約する。もっとも、そこには廃棄物供給があれば、自ずと廃棄物にたいする需要が生まれるわけではない。廃棄物市場（中古市場を含めて）の形成が前提となる。

　もうひとつは、経済成長にたいする資源利用可能性の限界である。すなわちそれは、たとえば化石燃料などのように枯渇性資源の有限的性質による。枯渇性資源は希少性が非常に高い。取引価格が高騰することによって資源利用は抑制される。市場メカニズムを通じて関連する財貨・サービスの価格・料金も上昇する。結果として、生産全体が抑制される。もっとも、再生可能資源を持続可能的に利用するならば、再生可能資源の面から「成長の限界」が存在するはずがない。経済学、とくに新古典派経済学は伝統的に自然を所与として希少性の世界の問題外とした。

　経済成長は、本来は一国の水準で論じられるマクロ経済問題である。地球温暖化、オゾン層の破壊、酸性雨、砂漠化、海面上昇、森林破壊などの環境問題

を地球規模でとらえることが一般的である。しかしながら、環境問題はその多くが地域的な問題である。これを因果関係の世界で見れば、ミクロの経済主体の合理的な経済活動の結果として考えることができるであろう。ミクロの経済主体の合理的な行動のベクトル和は、パレート改善であり、最終的にはパレート最適を実現する。パレート最適は「神の見えざる手」によって導かれる。ところが全体と個との間に生じるパラドックス、いわゆる「合成の誤謬」が存在する。合成の誤謬は、「神の見えざる手」とともに経済を支配する法則である[9]。その典型例を環境問題に見る。

地域経済活動が環境負荷の少ない活動であるという保証はない。量的な拡大は資源投入量の比例的な増加を求めることになる。もし自然を再生不能な資源と想定すれば、量的な経済活動の拡大は自然破壊を促すことになるであろう。しかし、資源投入量を所与とし、同じ量的な拡大を目標とすれば、自然の再生可能性能力（自然生産性と呼ぶことにする）を高めることを求めることになる。

人口と物理的な資本ストックの増加がゼロであるのに、技術と倫理は継続的に改善していくような状態をゼロ成長の定常状態（stationary state）という。持続可能な発展—成長なき発展—、すなわち、量的増加を伴わない質的改善は、定常状態のバリアントとして解釈することができる。わが国の条件不利地域の目標設定を定常状態から学ぶことができるかもしれない。ゼロ・ウェイストの経済学あるいは脱焼却と脱埋立の経済学は、まさに技術と倫理の継続的な改善を前提としているようである。

経済成長は量的な拡大を意味するが、経済生活の豊かさは財貨の側面だけではなくサービスの側面も含む。サービスは従来の第三次産業として分類されるのではなく、第三次産業を通信・運輸、金融・保険、商業、行政などの生活支援活動、インターネットなどウェッブ事業による情報共有活動、さらに世界遺産など景観や歴史文化の保存などの次代継承活動というように、従来の生産を起点とした産業分類ではなく、生活を起点とした人間社会の維持という視点が

求められる。これに従来の第一次産業、第二次産業をそれぞれ環境保全活動と資源循環活動と再定義した活動を加えて環境時代の産業構造が形成される（月尾（2003））。

従来の産業分類では、第一次産業、第二次産業の残差と定義され、付加価値構成比率では2000年に全産業中で70％を超えた第三次産業の集積の多くは大都市圏に見られるが、地域経済を考える場合には、次代継承活動、環境保全活動、資源循環活動という分類にしたがって、政策設計を行うことが望ましいであろう。

3.2 地域経済と文化

ところで、環境を守ることの意義と目的は何であろうか。健康で文化的な生活を確保するために、自然環境を守ることと一般に理解されている。文化的な生活における文化とは、社会（世界）における他の集団（地域）や時代と対比させて理解された、ある集団（地域）や時代の制度のあり方によって説明されるミクロ的行為の総体である。言葉を換えていえば、慣習はもちろん社会的共通資本としての人的資本、物的資本、自然資本および制度資本（法体系、金融制度などの経済制度）によって規定される社会的枠組みのなかにおける国民あるいは市民の行為の総体である。

地域の創造、保全、継承の根底にあるのは、地域経済である。なぜならば、ゼロから何も生まれず、生まれなければ、保全も継承も不必要になる。地域それ自体を初期賦存とすれば、保全と継承という行為を伴うであろう。しかしいずれにしても、経済生活を否定したうえに文化生活は成立しえない。もちろん経済生活の方向を定めるときに影響をおよぼすのは、たとえば「スローライフ」のような文化である。スローライフは、1986年にイタリア北部ピエモンテ州のブラの町で始まった食品の地産地消活動である「スローフード」運動に由来する。地域のチーズ製造農家やソーセージ製造農家と契約し、一定数量を保証することによって伝統食品の生産を維持する。また、それは伝統文化の再興

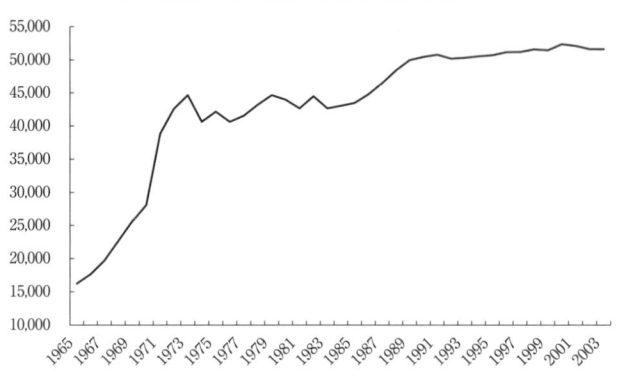

図1-2　ごみ総排出量の推移（1965-2003年度）（単位：1000t）

出所：環境省大臣官房廃棄物・リサイクル対策部廃棄物対策課「日本の廃棄物処理」（各年度版）より作成。

につなげようとすることでもある[10]。

　スイッチをオンすれば電灯がつき、テレビ、エアコン、洗濯機、冷蔵庫など家電製品が利用でき、パソコン、デジカメ、携帯電話やiPodなどの携帯プレイヤーで音楽や動画・静止画を楽しむことができ、蛇口をひねれば水や温水がでて、家庭から出るごみは袋にまとめて集積場に置いておけば自治体が回収してくれる。これがわが国の平均的な生活様式である。平均的な地域では、こうした文化をそのまま受け入れている場合が多い。しかし、こうしたあたりまえの生活があたりまえでなくなるかもしれない。非再生可能資源である化石燃料に依存したエネルギーの限界、原子力発電やRDF発電の安全性にたいする不信、水不足と水質汚濁、ごみ最終処理分地残余容量の限界、ごみ焼却などで発生する有害化学物質にたいする危惧などの背景にあるのが、ごみであり、大量生産・大量消費と質量保存の法則にしたがった廃棄あるいは使い捨ての文化である。

　わが国の平均的な消費文化をごみの総排出量の推移から見ると、20世紀のデザインが商品の陳腐化、使い捨て、競い合う新商品の開発・導入と画一化であったことがわかる。図1-2に示されるように、とくにわが国の場合は第一

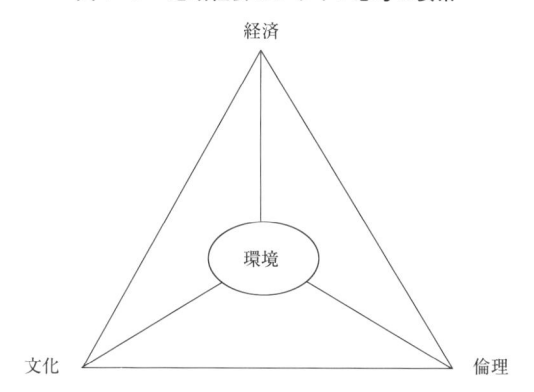

図1-3　地域社会のデザイン思考の要素

（図：正三角形の頂点に「経済」、底辺左に「文化」、底辺右に「倫理」、中央に「環境」）

次石油危機（1973年）までは高度経済長を背景として画一化された大量消費のパターンと大量のごみの排出であった。その後のマイナスあるいはゼロ経済成長率のもとでごみの総排出量はほぼ安定して推移している。図1-2を廃棄文化の指標とみることもできなくはないであろう。

　地域社会のデザインは、地域に固有の文化を前提とする。日本各地で、それも地理的な要因ばかりでなく、人口数、人口構成から条件不利地域にある地域のデザインに個性が見られる。外国のたんなる模倣ではなく、発想は創造的である場合が多いようである。創造力は想像力から生まれる。理想と現実のかい離を埋める努力、すなわち地域社会の X-効率―慣性を打破し革新を求める努力の水準―を改善することができるかどうかは、地域の経済文化における偏差値の高さに依存するであろう[11]。

　これまでの議論の模型図を描くと図1-3のようになろう。模型図は、環境を頂点、経済、文化、倫理の三点でできる「正三角形」を底面として構成される。経済は合理性の追求であり、人間の理性を表現する[12]。文化は論理や理屈では記述できない人間の感性に関連する。桑子（2001）は、感性を人間が環境とのかかわりのなかで生き、環境とのかかわりを支える本質的な能力としてとらえる。倫理はわたしたちの生活を律し、人間の品性にかかわる。これら

は、古典派の経済学者たちが念頭においた政策思想のなかに、そして理論と実践を重要視する現代経済学の思想のなかに求めることができる。

4 ゼロ・ウェイストの経済学

4.1 ゼロ・ウェイストとウェイストの概念

ゼロ・ウェイスト（zero waste）は、純粋に経済および経済学の問題である。しかしながら、ゼロ・ウェイストの実践は、政治的な運動である。既に言及したように、環境問題が登場してきたのは、日本の場合、1960年代の高度経済成長時代の副産物である公害問題としてであった。現在もそうであるが、解決の方法において、公害闘争という言葉に代表されてきたように政治の問題であった。そしてその対応はもっぱら行政の問題であった。環境問題解決の費用は、当事者にとって大きな負担となっている[13]。環境問題が公害問題でとどまっているかぎり、環境原理主義者と市場原理主義者の不毛な主張の間で合意を見出すことは、きわめて困難であろう。

今日の環境問題が生産サイドの地域公害型の問題としてではなく、経済社会生活のなかで発生する環境負荷型の問題として、とくに費用の問題としてとらえなおされるならば、環境問題を政治の問題から経済の問題へ回帰させることができるであろう。経済の基本原則は、希少な資源の有効な利用であり、言い換えれば、双対問題のうちの目的を所与とした費用最小化である。解決の費用は、機会費用（opportunity cost）、埋没費用（sunk cost）、および取引費用（transaction cost）からなり、環境問題を費用の問題に還元することができる。

「無駄」をなくすことが、ゼロ・ウェイストの原点であり、「ごみゼロ」ではない[14]。生産活動と消費活動がまったくない世界を現実に想定することは論外であろう。ごみは、経済学的にみれば、物質が無価値となり、所有権が放棄されたものである。したがって、経済循環の外の問題であった。家庭の消費活

動の結果不要物として排出されるごみの処理費用は、経済循環の外で発生する経済問題、すなわち外部費用を加えた社会的費用の問題である。社会的費用の測定あるいは内部化は制度改革の問題である[15]。

　ゼロ・ウェイストでは排出物を単純に不要物とするのではなく生物的循環および技術的循環のなかで生産物あるいは再生産物と考える。ゼロ・ウェイストは、生産過程における欠陥製品ゼロ（zero defects）、排出物ゼロ（zero emissions）のように日本の産業における総合品質管理（TQM）に由来する概念である。これに、毒性物排出ゼロ（zero discharge）、環境破壊ゼロ（zero atmospheric damage）および物質それ自体の処分ゼロ（zero material waste）を加えることによって、新しい産業社会の形成を考えている（Murray（2002））。

　市場経済では生産物である「財」（goods）が取引の対象になるが、廃棄物を「負の財」（bads）あるいは「負の価格がついた生産物」と考えれば、経済循環のなかの問題である[16]。ゼロ・ウェイストは、生産面では一般的に受け入れられた考え方であり、産業経済の核心である。

　他方、ゼロ・ウェイストは消費面や流通面にも大きくかかわる。企業や家庭の消費から排出される不要物の量的大きさは消費経済の規模を表し、物質的豊かさを表現する指標である。スーパーやコンビニあるいは宅配便に見られるように流通の拡大は消費の拡大でもある。しかしながら、一般廃棄物、いわゆるごみをごみとするのは、再循環可能性（ability of recycle）に依存する。分解・還元可能性（ability of reduce）[17]や再使用可能性（ability of reuse）は、最終的には再循環可能性に帰着する。したがって、ゼロ・ウェイストは消費や流通の面では、消費生活の様式に深くかかわりをもつ。

　多品種、少量生産が少量消費に結びつくとは限らないことに注意しよう。少量でも多品種であれば総生産量は不変か増加する場合は十分に想定できるからである。排出物や廃棄物の量が正の所得弾力性を示すかぎり、排出物や廃棄物が削減されるとは限らない。むしろ、「もったいない」[18]が廃棄物抑制の精神として定着するかどうかであろう。

ケニア出身の環境保護活動家であり、ノーベル平和賞を受賞した Wangari Maathai は、2005年2月に京都議定書関連行事のため訪日したときにこの言葉を知り、日本人が昔持っていた「もったいない」の考え方こそ、環境問題を考えるにふさわしい精神であると言う。Maathai 女史は「もったいない」を国連女性地位委員会（2005年3月）などを通じて、4R（消費削減（Reduce）、再使用（Reuse）、再生利用（Recycle）、および修理（Repair）の概念を「MOTTAINAI」という表現に埋め込み、世界共通の言葉とするよう普及運動を展開している。

Catherine de Silguy（1996）が指摘するように人間とごみの関係は長い。小説家五木寛之（2006）は、「人が生きていくということは、ゴミの山をつくることだ。」と言う。五木は、他方で、良いものを長く使うこと、すなわち修理の可能性がドイツ的なものの凄さであると指摘する。この点は、先に言及した桑子（2001）の言説と同じであり、愛着の美学が廃棄を抑制し、継承あるいは持続させる。捨てることへの躊躇は、限界効用は逓減するのではなく一定であることを意味する。同様のことは、復元の思想にも現れる。場合によっては、限界効用は逓増する。

4.2　ウェイストの経済学

ウェイストの経済学はリサイクルの経済学で代表されることが多い[19]。環境の経済学や資源の経済学はウェイストの経済学やリサイクルの経済学よりも対象領域が広い。しかし、伝統的なミクロ経済学の応用の範囲を超えるものではない。ゼロ・ウェイストの経済学は、厳密にはポスト工業社会の産業経済学である。上勝町における実験は、環境を保護し、資源利用を抑制することを目的にするというのではなく、むしろ地域社会の持続可能性は、地域のもつ潜在力と現状とのかい離を埋めることに依存しており、経済的価値の追求のうえで行われている。上勝町の自然と人を基本とした資源利用の仕方は、経済合理性を否定するというより積極的に追求している。

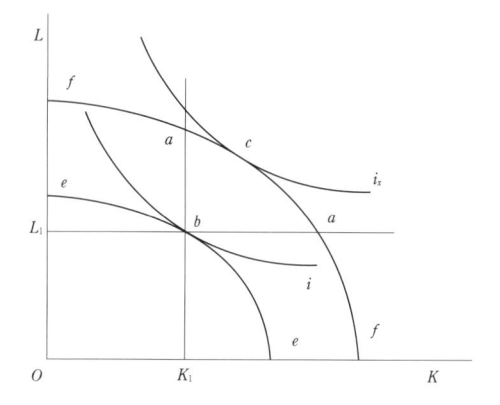

図1-4 ウェイストの軌跡

ウェイストは「廃棄物」という量的ものばかりでなく、効用や効果に関連した「無駄」という質の面も表現している。質の問題への対応は、従来の経済学では未解決な論点を多く含んでいる。

無駄を分析的に取り上げるために、X-非効率（X-inefficiency）という概念がある。もともと質の問題を直接取り扱うことが不得手である経済学に、人間行動の心理的要因を取り入れることによって、配分効率（パレート効率）だけでは説明できない競争の効果を明らかにした概念がX-効率である。経済政策の原理のなかにある概念としてわが国においても1970年代から知られている。

この概念を用いてウェイストの経済学を直感的に理解してみよう。図1-4において、横軸に資本K、縦軸に労働Lそれぞれをはかる。曲線ffは生産可能性曲線を表し（$F(K,L)=O$）、生産に関するパレート最適点の軌跡である。ここまでは従来の経済学の文脈である。しかしながら、X-効率の軌跡は、慣性（努力の水準）を想定するため、慣性の大きさにしたがった幅のある軌跡として描かれる。図では、曲線ffと曲線eeとの間の領域全体が慣性領域である。曲線ff上で生産しても曲線ee上で生産しても効率的であると見なされる。もし曲線ee上で生産されれば、aabの領域の生産が実現されず、資源は無駄使いされていることになる。曲線iおよびi_xは等量曲線である。

たとえば100点満点の経済学の試験は、たとえ90点以上がS、80点以上がA、70点以上がB、60点以上がCであろうが、60点以上であれば合格である。合格することが条件であれば、60点で十分である。100点取れる能力が潜在的にあるのにもかかわらず、60点しか取れないのではなく、手抜きをする要領のよい学生の行動パターンである。

図1-4では、L_1の労働資源投入量に対して慣性の部分abだけ無駄が生じている。慣性領域をゼロにすることが、狭義のゼロ・ウェイストであり、ゼロ・ウェイストを追求するということは、パレート最適な状態を求めることになる。経済合理性を否定するのではなく肯定する。

鯨や鯛など捨てるところがないといわれるが、捕獲された素材の100%活用が、ゼロ・ウェイストの原型である。有限な資源の完全利用は、漁業に起源をもつ持続可能性（sustainability）を前提としており、量的ではなく質的な利用であることを強調しておきたい[20]。

5　結びにかえて―循環型地域社会形成の課題―

循環型社会の目的は、本来、物質やエネルギーの循環や循環自体にあるのではなく、経済においては循環があたりまえであるように、それを通じた人間生活の豊かさの向上にある。すなわち、生活様式を循環型にして、少ない資源をより長く活用することで測られる利用効率を高めることが21世紀循環型社会を展望するときに重要である（Amory B. Lovinsロッキーマウンティン研究所CEO、基調講演『エネルギーの飛躍的効率化をめざす総合デザイン―21世紀循環型社会を展望する』、日本経済新聞2006年3月5日）。

経済環境のマクロ経済の文脈では、貨幣の流れは、所得の一部が貯蓄され貯蓄が投資にあてられることによって、循環の環がつながる。経済活動はそれ自体が循環である。ところが、ミクロ経済の文脈では、生産物の流れは、一方では商品あるいは財（goods）として循環の環のなかにあるが、他方では、廃棄

物(wastes)として循環の外に放出(emission)される。商品は、耐用期間を想定すれば、早晩、排出あるいは廃棄処分される。時間軸を考えれば、商品については有用な存在物としては有限であろう。そうだとすれば、廃棄物ゼロは、政治的スローガンあるいは運動の動機となりえても、人々が生産・消費という経済活動を停止してもなお実現不可能な机上の回答ということになろう。

廃棄物は、経済学が商品あるいは財を対象とする市場を前提とすることから容易に理解されるように、市場の失敗のひとつの例である。ここから推論されることは、経済学の分析概念としての外部性(externalities)(厳密には技術的外部性)である。外部性の議論は、生産関数、費用関数および効用関数における相互依存性にかかわる。

循環型社会における行動主体の時間視野について、経済学では長期的視野を取り入れることができる。経済成長から経済発展へ。経営学では短期的視野(3年～5年)、経営者の行動制約は短期的利潤の最大化あるいはボーモル型売上高極大化を導く。循環型社会において、企業に拡大生産者責任ルールを適用させる必要条件は、経済的動機への反応であり、強制的に企業の社会的責任に求めるべきではない。経済体制論的には、資本主義経済体制であれば、たとえばAdam Smithの道徳感情論の延長線上で、市場経済を評価しようとも、そこにおける生産者の倫理感は、あくまでも所与(外生変数)である。

環境破壊は悪であるという観念では何も解決されない。環境破壊やごみ問題は加害者と被害者とが一致しており、さらに地域再生という解決しなければならない問題はコモンプールにある。したがって、市民の参加と創意が決定的に重要である。その際、独立した個としての人間生活に深く根ざし、人びとが人間として自由かつ健全で前向きな人生を送りたいという願望や情熱は不可欠である。個々の市民の意思決定が全体の問題解決につながる。Not in my backyard(ニムビ)症候群が蔓延している世界では問題解決はできない。そこには一方ではAdam Smithが描いた自然調和としての公共の利益と、他方ではAlfred Marshallの思想—"cool heads but warm hearts" in making economic policy、すなわち科学的思考（経済学）と宗教（道徳哲学・倫理）からなる経済騎士道が要求されるであろう。現実的な意味で「経済学的に考える」とは、たいていの場合、最善の方法を探すのではなく、平均的に見て人びとをより良くするような、現状からの小さな変化を探すことである。そして、地域住民が市民として「自発（voluntary）と利己心（selfishness）」の組み合わせと「奉仕（stewardships）と利他心（altruism feeling）」の組み合わせを総合したデザインを描くことができるかどうかが、問題解決の決定要因である[21]。

注
1) この種の対立は別の問題を引き起こす。すなわち、問題解決よりも問題の存続によって利益を受ける集団がいる。いわゆるレント・シーカーの温床となる
2)「宇宙船地球号」は、1965年頃に登場した表現である。アメリカの国連大使、Adlai Stevensonが、1965年7月のジュネーブ、国連経済社会理事会で、「われわれはみんな、小さな宇宙船の乗客である」と講演したことに由来するといわれている。他方、社会経済学者Kenneth Boulding (1966) の論文 "The Economics of the Coming Spaceship Earth" に求めるひともいる。しかしジオデシック・ドーム（通称フラー・ドーム。正20面体で球面を近似し、そこに正三角形に組み合わせた構造材を多数並べることによってくみ上げたドーム状建築物。1967年モントリオール万博のアメリカ館）の開発者として知られている工学者 Richard Buckminster Fuller は1951年からこの表現を使っていたといわれる（Fuller (1968)、芹沢訳 (2000)）。
3) 水俣病に関する文献、資料は膨大であるが、筆者たちは水俣市で開催された環境サミット「第一回全国エコタウンサミット in みなまた」（2005年2月）に参加する機会があり、水俣市の現状と市長の苦闘を知ることができた。エコタウン事業が、環境省と経済産業省とは基本的には省個別の目的では同じではないにもかかわらず、共同の事業としたところに現代的な特徴がある。
4) 上勝町については、本書の第3章と第4章で詳細に記述されている。また、第5章と第6章の関連箇所をあわせて参照されたい。
5) 以下は柏木（2002）の議論と表現を参考にした。
6) たとえば、日本経済新聞の2006年8月20日の社説「地方分権てこに定住人口増やす努力を」などを参照。
7) 環境経済学は、ミクロ経済学にもとづいた応用経済学である。周知のように、経済学にはミクロ経済学とマクロ経済学に大別されている。ミクロ経済学は、個々の経済主体の自由な利己的で合理的な最適行動の合成として経済社会を記述する。マクロ経済学は、国家を単位とするため、個々の経済主体の「行動の動機」を捨象し

て資本や労働のような「集計された統計データの解釈」から経済社会を記述する。したがって、マクロ経済学は自然環境を無視してきたと考えてよい。Haley-Shogren-White（1997）は、理論と実践の面からみた優れた教科書を著している。
8）分業は市場の大きさに制限されるという表現は、Adam Smith『国富論』第1編3節の表題による。
9）新古典派厚生経済学の文脈では、ミクロの意思決定主体から社会全体の意思決定を導くための社会構成関数の議論がある。集合的意思決定の問題は、「アローのパラドックス」（Arrow's Paradox）（一般可能性定理）として知られている。自由な個人による合理的な判断は、結果として独裁者を生む。民主主義的な決定に重大な問題が提起された。他方、政治的決定における問題は議員・官僚・財界による民主主義過程の欠陥として論じられている。公共選択の問題である。
10）テレビ番組では、『ザ！鉄腕！DASH!!』の「DASH村」にこの発想が見られる。
11）たとえば、三重県は文化力を人間力、地域力、創造力の合成として地域経営の方針としている（野呂（2005））。
12）桑子（2001）は、理性をごみの氾濫に結びつける。桑子の感想はナイーブで文学的であるが、理性は、永遠的なもの、普遍的なものを求めるあまり、身近なもの、身体的なものの重要性を見落とす。そして、気づいたときには、自分でつくったモノを身の回りにあふれさせ、ゴミでいっぱいにする、という指摘はわかりやすい。もっともこれだけではなく環境哲学の側面からさらに洞察しなければならない。桑子（1999、2005）を参照。
13）所得再分配と交渉力に関連した問題を無視すれば、効率性にもとづいた理論的解決は「コースの定理」（Coase's theorem）で説明される（Coase（1960））。すなわち、外部性の被害者と加害者との交渉に費用を伴わず、環境の所有権が明確に定義されていれば、外部性は内部化される。しかしながら、交渉や訴訟の費用などを含めて費用の負担における公平性の問題は解決されないということから、この問題は「法と経済学」（Law and Economics）の主要な関心事となっている。環境問題解決のためには、不可避の領域である。
14）「ゴミゼロ」という用語の発祥地は、愛知県豊橋市と言われ、1975年まで遡る。環境美化の観点から、ごみの散乱防止が中心であった（総合科学技術会議環境担当議員・内閣府政策担当官（科学技術政策担当）（2004））。
15）社会的費用とゼロ・ウェイストについては、第2章を参照されたい。
16）細田（1999）は「グッズ」（goods）の対語として「バッズ」（bads）という表現を用いているが、英語の名詞にはない日本語の造語であり、十分に一般化した概念ではない。むしろ倉阪（2003、2005）の「負の価格をもつ生産物」という表現の方が、市場経済のなかでは有意であろう。
17）Reduce は reuse、recycle と合わせたいわゆる3Rのひとつとして、「廃棄物発生抑制」を日本語訳とするが、ここでは recycle に焦点をあて、再生原料を強調するために、「分解・還元」という表現を用いる。
18）もったいない（勿体無い）とは、もともと不都合である、かたじけないなどの意

味で使用されていたが、現在では一般的に「物の価値を十分に生かしきれておらず無駄になっている」ことに対する批判の意味で使用される日本語の単語である（フリー百科事典『ウィキペディア（Wikipedia）』）。
19) Poter（2002）は、廃棄物を真正面から経済学の対象として取り上げている。
20)「持続可能性」は、漁業資源の乱獲競争の反省から生まれた「最大維持可能生産量」の理論を通じて、資源利用の「持続可能性」について論じられるようになったのが最初である。ここでの「持続可能性」の概念は、魚類等の特定の再生可能生物資源に関し、収穫には一定の物理的限界があるため、一定量の資源のストックから生み出される純再生産量だけが利用可能であって、それ以上の利用を行えば、ストックが減少し、資源の枯渇を招くということを前提に論じられたものである。もっとも漁業の現場では理論以前のことがらであり、生活の「知恵」として認識されていたが、地球の環境をどう管理すべきかに関する接近方法を提供している。
21) スチュワードシップ（人びとから委ねられているものを注意深く、責任をもって管理すること）という実践的な概念を用いたアメリカの地域再生の記述と説明は、分権化が進められているわが国にも参考となろう。Henton-Melville-Walesh（2004）を参照。

【引用文献】

Bobrow, Davis and John S. Dryzek（1987），*Policy Analysis by Design.*（重森臣広『デザイン思考の政策分析』昭和堂、2000年。）

Coase, Ronald H.（1960）"The Problem of Social Cost", *Journal of Law and Economics* 3, October, pp. 1-44.

Boulding, Kenneth（1966）"The Economics of the Coming Spaceship Earth",（http://dieoff.org/page160.htm）.

Daly, Herman E.（1996），*Beyond Growth: The Economics of Sustainable Development*, Boston, Massachusetts: Beacon Press.（新田功・蔵本忍・大森正之訳『持続可能な発展の経済学』みすず書房、2005年。）

de Silguy, Catherine（1996），*Histoire des hommes et de leurs ordures — Du moyen age a nos jours*, Le cherche midi editeur.（久松健一編訳、ルソー麻衣子訳『人間とごみ—ごみをめぐる歴史と文化、ヨーロッパの経験に学ぶ』新評論、1997年。）

Fuller, Richard Buckminster（1968），*Operating Manual for Spaceship EARTH.*（芹沢高志訳『宇宙船地球号操縦マニュアル』ちくま学芸文庫、2000年。）

Hanley, Nick, Jason F. Shogren and Ben White（1997），*Environmental Economics, in Theory and Practice*, Macmillan Press Ltd.（財団法人政策科学研究所環境経済学研究会訳『環境経済学　理論と実践』勁草書房、2005年。）

Henton, Douglas, John Melville, Kim Walesh（2004），*Civic Revolutionaries: igniting the passion for change in America's communities,* San Francisco: Jossey-Bass.（小門裕幸監訳榎並利博・今井路子訳『社会変革する地域市民―スチュワードシップとリージョナル・ガバナンス―』第一法規、2004年。）

細田衛士（1999）『グッズとバッズの経済学―循環型社会の基本原理』東洋経済新報社。
五木寛之（2006）『新・風に吹かれて』講談社。
環境ビジネスウィメン懇談会編（2005）『環境ビジネスウィメン』日経BP社。
小島寛之（2006）『エコロジストのための経済学』東洋経済新報社。
倉阪秀史（2003）『エコロジカルな経済学』ちくま新書447。
倉阪秀史（2006）『環境と経済を再考する』ナカニシヤ出版。
桑子敏雄（1999）『環境の哲学』講談社文庫1410。
桑子敏雄（2001）『感性の哲学』日本放送協会出版会。
桑子敏雄（2005）『風景のなかの環境哲学』東京大学出版会。
丸尾直美（1997）『エコサイクル社会』有斐閣。
Murray, Robin (2002), *Zero Waste*, Greenpeace Environmental Trust.（グリンピース・ジャパン訳『ゴミポリシー―燃やさないごみ政策「ゼロ・ウェイスト」ハンドブック』築地書館、2003年。）
野呂昭彦（2005）『「人口減少時代の新しい地域づくり」～文化力で三重を元気に～』内外情勢調査会。
Poter, Richard C. (2002), *The Economics of Waste*, Washington, D.C.: Resources for the Future.（石川雅紀・武内憲司訳『入門廃棄物の経済学』東洋経済新報社。）
総合科学技術会議環境担当議員・内閣府政策担当官（科学技術政策担当）共編（2004）『総合科学技術会議、ゴミゼロ型・資源循環型技術研究イニシャティブ　ゴミゼロ社会への挑戦―環境の世紀の知と技術2004―』日経BP社。
月尾嘉男監修、NTTデータ経営研究所 *i*-community 戦略センター編（2003）『環境共生型社会のグランドデザイン』NTT出版。

第2章 ゼロ・ウェイスト政策への社会的費用論アプローチ*

若 山 幸 則

1 はじめに

「最適生産・最適消費・最小廃棄」をめざした資源循環型社会の構築は今や喫緊の課題であり、そのような社会への転換を支える公共政策には、できる限り環境負荷を抑えながらも、社会的効率性を満たしたかたちで、環境に配慮した社会経済システムを設計し、それらを実現していくことが求められる。

しかし、利便性、効率性の追求を第一とする現在の社会経済システムは、2000年に制定された「循環型社会形成推進基本法」のもと各種のリサイクル法が整備されたにもかかわらず、依然としてその姿を変えていないように思われる。生産、流通、消費、廃棄の一方通行的なモノの流れのなかで、廃棄を担う行政は、最終処分場の不足、ダイオキシン類など焼却施設が引き起こす環境負荷の増大、高騰する処理費用などから、これまでの役割を果たすことが困難になりつつあり、ごみに関連する社会的費用、あるいは社会的損失の大きさを軽視できなくなっている。

そこで、本章では、最初にごみが発生する社会経済システムの原因を社会的費用の概念を用いて分析する。そして、ゼロ・ウェイスト政策を体系的に整理するとともに、社会的費用に求められる「責任」と「費用負担」の制度的な視点から、ゼロ・ウェイスト政策の意義と課題について考察する。

2　大量廃棄型社会の構造と社会的費用

　大量廃棄型社会のメカニズムを考えるとき、モノの流れの視点から、生産、流通、消費、廃棄そして廃棄物処理というプロセスに注目する必要がある。モノの流れの視点からは、生産、流通、消費、廃棄はつながっている。しかし、植田（1992、pp.26-27）は、生産者の場合は、廃棄物処理のしやすさを主眼において生産しているわけでなく、生産に伴う利潤を最大化、あるいは費用を最小化させることを目標に意思決定していると考えるのが合理的であるとし、流通業者の判断基準も基本的に生産者と同様であると指摘する。加えて、消費者の消費、廃棄という行動は、近年の使い捨て型のライフスタイルを見直すような運動、志向は広がりつつあるが、依然として利便性や低価格を望むという意味での満足度最大化が主な判断基準になっている。
　このように、生産、流通、消費の各段階において、各経済主体は利潤最大化や費用最小化、あるいは満足度最大化という基準で、それぞれの行動に関する意思決定を行っている。そのことが廃棄物処理を考慮しない仕組みをつくりあげ、廃棄物を大量に排出する社会経済システムを定着させたのである。
　さらに、モノの流れの最終に位置する廃棄物処理を担う公共部門の行動原則について、近年、多くの自治体が分別収集や廃棄物の減量化、資源化に取り組んでいるが、植田は、排出された廃棄物を適正に処理することを基本原則としてきたとしている。
　「循環型社会形成推進基本法」では、限定した形であるが製品における廃棄物を消費者が事業者に引き渡し、事業者が循環利用を行う旨の責務規定が示されたが、「廃棄物の処理及び清掃に関する法律」においては、一般廃棄物は市町村が処理責任を負うという責任規定が示されている。このことは、製品における廃棄物の処理において、わが国では、責務規定と責任規定がかい離していることを示している。公共部門の基本原則が、大きく方向転換できないのもこ

のような法制度のあり方が大きく影響している。

　また、ごみ・廃棄物の動向に関して、高寄（2001）によれば、ごみの排出量の推移が、経済成長・人口増加などの経済指標と同様の傾向を示してきたとしたうえで、商品サイドからの需要の伸びのインセンティブが、ごみ発生の促進剤的機能を発揮していると指摘している。有限な地球環境を宇宙船にたとえ、有限な環境においては経済のあり方が変わるのではないかと指摘したBoulding は、「来るべき宇宙船地球号の経済学」を1966年に公表した。この論文において、消費は生産と同様に良いこととみなす従来の経済のことを「カウボーイ経済[1)]」とし、逆により少ない生産と消費により、与えられた資源を維持していく経済のことを「宇宙飛行士経済」と呼び、カウボーイ経済から宇宙飛行士経済への移行を主張した。しかし、宇宙旅行が現実のものになろうとしている21世紀になっても、カウボーイ経済から宇宙飛行士経済へ移行しきれていない状況にある。

　このような廃棄物を大量に排出する社会経済システムを、植田（1992）は「分断型社会システム」（図2-1）と指摘している。モノの流れとしてはつながっているが、そのモノの流れに関与する各経済主体は、個別に分断されたまま、社会的に望ましいという観点でなく、私的に望ましいという観点から意思決定してしまうのである。その結果、全体のシステムとしては、社会的最適状態からは大きくかい離してしまい、廃棄物処理費用の増大あるいはダイオキシ

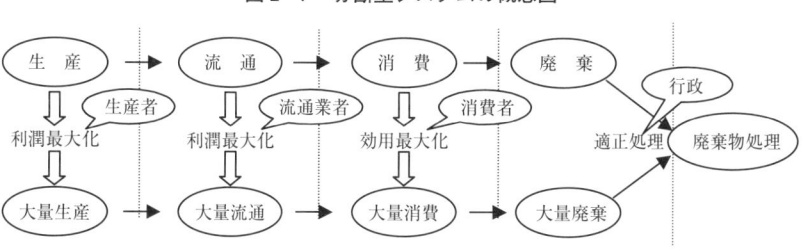

図2-1　分断型システムの概念図

出所：八木（2004）より作成。

ン類など焼却施設が引き起こす環境汚染などの社会的費用や社会的損失を発生させることになる[2]。

　先に指摘した法制のあり方も含めた従来の制度が、生産、流通、消費のそれぞれを担う主体に、廃棄物がもたらす社会的損失や社会的費用を意思決定において考慮しないか、あるいは低く見積もることを可能にさせたのである。その意味においては、従来の制度の失敗や欠落が廃棄物における社会的費用の増大の要因と捉えることもできる。現状の分断型社会システムから循環型社会システムへの移行には、社会的費用あるいは社会的損失を考慮した制度のあり方が問われるであろう。

3　社会的費用という概念について

　「社会的費用[3]」(social costs) という概念そのものは決して新しいものではない。Michalski (1965) によれば、社会的費用という概念は、1905年、Edowin R. A. Seligman の『経済学原理』(Principles of Economics) において見出せる。加えて Clark (1923) および Knight (1924) の2つの論文も経済学文献における社会的費用の概念の導入という点では重要である。

　他方、Pigou の「外部不経済」(external diseconomies) という概念が、今日では社会的費用の概念で示されている諸事実と深い関係にあるのは疑う余地がない。

　社会的費用という用語は多様な文脈のなかで使われており、用語法上の統一が十分ではなかった。「社会的費用論」は、Kapp、Michalski らによって精力的に展開され、公害問題や環境問題を経済学的に理解するとき、強固な位置を占めている（五井 (1978)）。

　Michalski (1965邦訳, pp.5-6) は、「社会的費用」という用語を(1)「生産の国民的総費用」、(2)「社会的経済的最適が実現されないときに生じるところの国民経済的損失」(3)「第三者の非市場的な負担であり、その負担をひきおこす

経済主体の経済計算においてはその第三者についてなんら顧慮されない費用」(4)「公共経済政策的諸措置の実施の費用」という4つの相異なる意味を混在させたまま使われてきたとしている。

そして、Michalski 自身は、社会的費用の概念を(3)に属するものと捉え、企業によって引き起こされ、第三者としての家計や企業または社会全体に大きく負担する形で、あるいは実物的な損害として負担されるところの、本来技術的に条件づけられた外部負担という意味で定義づけている。

しかし、今日社会が直面している環境問題に対して、特に制度的視点から社会的費用を捉える場合には、Kapp（1950）が展開した「社会的費用論」に基づくものが有効である。Kapp は、社会的費用を「第三者あるいは一般大衆が私的経済活動の結果こうむるあらゆる直接間接の損失を含むものであり、それに対しては私的企業家に責任を負わせるのが困難な、あらゆる有害な結果や損失」であると定義した[4]。

Kapp と Michalski の社会的費用の定義の差異は、Michalski が限界理論（技術的外部性）のなかに社会的費用問題を定着させ、厚生経済学の問題として発展させようとしたのに対し、Kapp は社会的費用の問題を限界理論のなかに閉じ込めず、独自の経済学的概念として捉えようとした点にある[5]。加えて、Kapp の議論は、公害や環境問題発生の原因を求めるとき、政治的である（五井（1978））。

この独自の経済学的概念を、寺西（2002、p.74）に従って整理すると、すなわち5つになる。

(1) Kapp が「社会的費用」という概念を用いて捉えようとした多種多様な諸事象のすべてに共通する内容は、われわれの人間社会（将来世代の人間社会を含む）にとって何らかの意味で有害性をもつ（あるいはその危険性をもつと考えられる）マイナスの諸影響である。

(2) Kapp は、それらのマイナスの諸影響がいずれも社会にとって重大な「損失」になるという意味で、「社会的損失」という概念も多用している

(Kappは、「社会的費用」と「社会的損失」をほぼ同義で用いることが多い)。

(3) それらの様々なマイナスの諸影響（＝様々な「社会的損失」）は、何らかの形で第三者または社会全体（将来世代を含む）への負担に転嫁される各種の諸費用（ないし費用要素）（＝各種の「社会的費用」）となっている。

(4) これまでの経済活動（特に営利主義的な経済活動）とそのあり方を規定している制度枠組みのもとでは、(3)の諸費用（ないし費用要素）は、それらを引き起こす（あるいは引き起こした）当事者の「費用計算」や「経済計算」にはほとんど反映されず、「計算されざる費用」ないし「考慮されざる費用」あるいは「支払われざる費用」と呼ぶべき、独自な「費用」問題が制度的に無視されている。

(5) (4)の結果として、様々なマイナスの諸影響（＝様々な「社会的損失」）とこれらに起因する各種の「社会的費用」がますます累積的に増大していくという制度的なメカニズムが存在している。

Kappの社会的費用の概念において、経済理論の観点からみて特に重要なのは、「考慮されざる費用」あるいは「支払われざる費用」という当初から一貫した把握がなされていることであり、この点に理論的な核心部分がある。

また、市場価格には反映されない効果や事象を問題にするという意味では、「外部費用」(external costs) も社会的費用と共通性があるように思われる。「外部費用論」とは、市場取引の外部に放置され、それゆえ市場価格には反映されない効果や事象をすべて市場にとっての外部性をめぐる問題として、理論的に捉えようとするものである。外部費用論と社会的費用論との理論的差異は、寺西 (2002) の考えを踏まえると次の点にある。外部費用論において、問題視されているのは、自由な市場取引と市場価格に基づく市場経済のメカニズムがうまく働かないことが原因であり、「市場の失敗」あるいは「市場の欠落」が問題にされている。しかし、社会的費用論では、外部費用論のように市場取

引や市場価格への「内部化」における問題解決の方向性よりも、考慮されざる費用あるいは支払われざる費用が容認されている「制度」自体に問題があり、「制度の失敗」ないし「制度の欠落」という独自の視点を持つ。

制度的枠組みを新たに確立していく過程においては、社会的損失となる有害な諸影響を引き起こす（あるいは引き起こした）経済主体の「責任」をめぐる問題を、制度的にどう考えるべきか、また、それらのマイナス諸影響に起因して発生する各種の「諸費用」における社会的に公正な負担のあり方を、制度的にどう考えるべきかという「社会的公正性」の実現が重視されなければならない。つまり、社会的費用の増減は、「責任」と「費用負担」を根幹とする制度システムのあり方で左右される。

4 ゼロ・ウェイストにおける社会的費用、社会的基準

4.1 廃棄物における社会的費用、社会的基準

廃棄物における社会的費用に関して、廃棄物の経済学が解明しなければならない問題は2つある[6]。

ひとつは、廃棄物によって生じている社会的費用あるいは社会的損失の大きさを評価するとともに、その発生メカニズムを明らかにすることである。ふたつ目は、その社会的費用や社会的損失の内部化を図る効率的で公平・公正な社会経済システムを設計し、そのシステムを支える主体や管理組織そして費用負担のあり方を明らかにすることである[7]。

社会的費用あるいは社会的損失を客観的に示す基準は、「社会的基準」として言及されることがある。Kappの考え方を踏まえると、例えば、大気汚染や水質汚濁の分野では、現実の汚染状況を汚染物質の最大許容濃度と比較して、現存する欠陥の点から社会的費用を規定することができる。社会的損失の発生に伴って支出される費用の大きさは、その社会の社会的損失にたいする評価に依存し、この社会的評価のメルクマールとして、社会的基準が位置づけられ

る[8]。

それでは、この社会的基準が決められる背景には、どのような要素があるのであろうか。社会的基準の設定において、Kapp（1975）は「最小許容限度とは、経験的に証明できる基準にもとづき、それ自体が科学的規定の対象になりうる人間の最大負担限界のことに他ならない」とし、科学的知見が重要な役割を果たすと指摘している。さらに、「社会的便益と社会的費用の相対的重要性を社会的に評価する際には、常に社会的目的や目標に関する政治的判断が加わるであろう」と述べ政治的判断も重要な要素であるとしている[9]。

つまり、社会的費用あるいは社会的損失の大きさを認識し、その発生メカニズムを明らかにするためには、科学的知見そして政治的判断に基づく社会的基準の設定が必要である。この社会的基準の設定により、社会的費用あるいは社会的損失をもたらす現行の制度を改め、結果としてより効率的で公平・公正な社会システムの構築につながるのである。

日本において地方分権が叫ばれて久しいが、制度的枠組みは、法整備の面からも国の役割が大きいであろう。しかし、先にも指摘したとおり一般廃棄物処理を担うのは市町村であり、制度的枠組みの再構築を図る権限の少ない市町村は、ごみを適正に処理するという役割に特化してきたといえる。しかし、分断型社会システムによる社会的費用の増加は、結果として、地方自治体の財政状況を圧迫させる要因の一つとなっている。このことから、「責任」と「費用負担」による制度的枠組みへのアプローチは、今後、市町村の廃棄物処理政策にも強く求められるであろう。

4.2 ゼロ・ウェイストとゼロ・エミッション

ゼロ・ウェイストにおける社会的費用、社会的基準について論じる前に、ゼロ・ウェイスト政策が、どのようなコンセプトのもと国内外の自治体が取り組んでいるのかをみておこう。その際、1994年に国連大学で提唱された「ゼロ・エミッション」（Zero Emission）と比較し、その考え方の違い示すことでゼ

ロ・ウェイストについて理解を深めることとする。

　ゼロ・エミッションとは、資源の循環を産業活動のなかに応用しようとする試みとして生まれた発想であり、概念自体は自然界の生態系システムの持つ柔軟性、多様性、競争と協力という微妙な相互作用の関係がもたらす共進化という特性に学ぶことである[10]。

　ゼロ・エミッションの基本的な考え方は、産業活動によって生まれる廃棄物をそのまま処理するのではなく、従来の硬直的な枠組みを超えて柔軟性に富んだ最適なネットワークを利用して、廃棄物の有効利用のためのシステムを構築することにある。ゼロ・エミッションの実現に向けては、再生資源が十分に活用できる産業構造システムへの円滑な移行、産業創出のための新たな産業クラスターの創設、そしてその突破口となる技術開発が必要不可欠である[11]。

　ゼロ・エミッションの取り組みの動向としては、まず、個々の企業によるゼロ・エミッション達成に向けた取り組みがあげられる。サッポロビールやアサヒビールなど国連大学がゼロ・エミッション・アプローチモデルとして提示したビール酒造系の工場をはじめ、NECやキャノンといった環境先進企業を中心に工場単位における環境負荷低減に向けた「クリーナープロダクション[12]」(Cleaner Production) や3Rの取り組みは近年活発化の様相を呈している。

　既存の工業団地内におけるゼロ・エミッションの取り組み事例もある。山梨県の国母工業団地では、入居企業主導で廃棄物削減やリサイクルについて共同で積極的に取り組んでおり、団地内におけるゼロ・エミッションを実現する計画を進めている[13]。

　また、都道府県等の地方公共団体が主体となり先進的な環境調和型・資源循環型のまちづくりを推進する取り組みとしてあげられるのが「エコタウン事業」である。エコタウン事業は、地域の独自性を踏まえた廃棄物の発生抑制、再生利用の推進を通じた資源循環型社会の構築、個々の地域におけるこれまでの産業蓄積等を活かした環境産業の振興による地域産業の活性化を目的とするものである。1997年度の事業創設以来、これまでに川崎市、北九州市などの政

令指定都市をはじめ全国26地域[14]において、エコタウンプランの策定・承認がなされ、エコタウン事業が推進されている。

　ゼロ・エミッションは産業活動によって生まれる産業廃棄物に焦点をあてたものであり、生産システムを主眼においた考え方である。事業活動におけるゼロ・エミッションは、「むり・むだ・むら」の少ない資源効率性の原理に従ってシステム化される。結果として生産コストが削減され、それが企業の利益となる。しかし、現時点では、製造される製品の廃棄処理時にまで十分な配慮がなされているとはいい難い。

　一方で、ゼロ・ウェイストとは、言葉の意味として「waste」の日本語訳を辞書[15]で調べると、まず「浪費、空費、無駄にすること」という言葉が最初にあげられている。直訳すれば「無駄なく」という日本語があてはまる。ゼロ・ウェイストの考え方について、Murray（2002）は、製品中の欠陥を1／100万にまで削減するという素晴らしい成果を上げた「欠陥ゼロ」（zero defect）の考え方、つまり次々と目標を上げていくことで最善をめざすアプローチが応用されたものであるとしている。このことから、ゼロ・ウェイストの考え方の発端は、ゼロ・エミッションにあるものといえる。また、Connett（2003）は、ゼロ・ウェイストの考え方を、焼却炉のない社会、ごみの埋立地のない社会、無駄のない社会であると具体的な社会像を示したうえで、持続可能な社会の形成を推進していく社会であるとしている。

　ゼロ・ウェイストの具体的な取り組みは、1996年にオーストラリアのキャンベラ市が「2010年までにごみをゼロにする」という「ゼロ・ウェイスト宣言」を世界で初めて行ったことからはじまった。キャンベラ市では、教育システムの充実や、住民提案のアイデアを採用するなどして、2003年までに、焼却に頼ることなく最終処分量を69％減らすことに成功している[16]。

　また、アメリカのカリフォルニア州では、1989年に全域で50％の最終処分場投入量削減を義務付けられた。2001年にその目標を達成したサンフランシスコ市は、2002年にさらなるごみの減量化をはかるために、「2020年にゼロ・ウェ

イスト達成をめざして、2010年までに75％の最終処分場投入量削減を達成する」という目標を立てゼロ・ウェイスト宣言を行った。さらに2003年には「2020年をゼロ・ウェイストのゴールとして、生産者責任と消費者責任を明確にすることによりごみをゼロにする」と決議している[17]。そして2004年までに、63％のリサイクル率を達成している。

1998年に最初のゼロ・ウェイスト宣言自治体が誕生してから、ゼロ・ウェイスト宣言自治体が国の半数以上にまで増えたニュージーランドでは、多くの自治体が2015年から2020年を目標としたこのような宣言を行っている。そして、中央政府の廃棄物政策にもゼロ・ウェイストを目標とすることが盛り込まれている[18]。

日本においても「2020年までに、ごみの焼却や埋立て処分をやめる努力をする」と2003年に日本で初めて徳島県上勝町がゼロ・ウェイスト宣言を行った[19]。ごみステーションに町民が持ち込むごみを34種類に分別することにより、高いリサイクル率を達成しているが、本当の解決策は生産者が有料でごみ（資源物）を引き取ってくれることだとして、国に制度づくりを求めている。

つまり、ゼロ・ウェイストとは、製品の廃棄に焦点をあて住民そして自治体が、使用および廃棄の視点から流通、生産を含む社会経済システム全体のゼロ・エミッション化を求めるコンセプトであるといえる。

4.3　ゼロ・ウェイストにおける社会的費用の捉え方

ゼロ・ウェイストにおける社会的費用について、Murray（2002）の考え方を踏まえると、次の3つの視点から社会的費用を捉えなおすことができるであろう[20]。

(1) 廃棄物が与える生活環境への影響に関する社会的費用
(2) 廃棄物が与える気候変動に関する社会的費用
(3) 廃棄物が与える自然資本の消失に関する社会的費用

(1)においては、廃棄物を焼却することで生じるダイオキシン類などを含む有

害な排気ガス、また水銀、カドミウム、鉛などの揮発性重金属への対策として排ガス洗浄施設や処理装置に係る費用、それに加え、有害な灰や汚染された排水にたいする処理対策費などがあげられる。また、廃棄物の最終処分場においては、さまざまな産業で使用さている10万種類以上の化学物質が埋め立てられている可能性があり、廃棄物が酸化し劣化することによりさらに危険な物質が溶出するおそれがある。したがって、施設から漏れでないようにするための施設対策費が必要となる。これらは、貨幣価値換算が比較的容易な社会的費用である。

さらに、施設近隣に住む住民の疫学的研究からみた健康被害にたいする費用、そして、焼却施設で働く人々の長期的健康被害にたいする費用など、短期的に貨幣価値換算が困難な社会的費用もある。より長期的な視点からは、従来の対策では大気と水への有害物質の排出をゼロにすることはできず、計測技術の向上などにより、これまで計測されることのなかった問題が明るみに出る可能性も考えられる。すなわち、長期的には廃棄物が与える生活環境への影響に関する社会的費用は増大する傾向にある。

(2)においては、焼却であれば二酸化炭素（CO_2）と窒素酸化物（NOx）、埋め立てであればメタンガス（CH_4）の排出による気候変動のリスクがあげられる。気候変動に関する社会的費用は、気候変動の原因である地球温暖化の程度、それに伴う損害の見積もり、将来世代の費用・便益を割引く程度等に依存し、その評価にばらつきがあり正確な社会的費用を把握することは難しい。

地球温暖化対策に費用便益分析を適用した William R. Cline のモデルを取り上げ考察した天野（1997、p.150）によれば、温暖化防止の費用は比較的早い段階に増大して一定比率に達するのに対して、便益のほうは徐々に時間をかけながら一貫して増大する特徴がある。温暖化防止費用は現在世代の負担になり、その便益は将来世代に帰属する。このことより、廃棄物が気候変動に与える社会的費用は、温暖化防止費用として捉えることが望ましいと考えられる。

また、Cline モデルでは、温暖化防止費用は、森林政策のための費用と一般

的な二酸化炭素排出削減に伴う費用に大別され、後者は比較的短期で低費用の手段である工学技術の普及のような「ボトムアップ」方式の措置を実施するための費用と、長期的かつ高費用の手段である炭素税のような「トップダウン」方式の措置から生じる費用とにわけられる。多くの工学的研究（ボトムアップと呼ばれる排出削減の個別技術適用のミクロ的研究）が、きわめて低い予算水準においても炭素排出削減の機会が残っているため、的確な貨幣価値換算における社会的費用は算出が困難であるという問題がある。

　ボトムアップ方式における温暖化防止費用については、ライフサイクルアセスメント（LCA）による評価に示されるように、現存している資源利用の代替形態が評価の一般的な基準であり、将来生まれる可能性のある形態までを視野に入れていないといえる。例えば、容器プラスチックのリサイクルに係るコストと、焼却して得るエネルギーそして焼却による環境被害にたいする費用を比較して、サーマルリサイクルを選択するという「製品」を中心とした視点で捉えてしまうのである。

　この点において、Murrayは、温暖化対策の中心となるのは、「環境機会費用[21]」（Environmental Opportunity Cost）であるとし、特定の生産や処理の手法を選ぶことで要する環境コストを環境純利益の面から推計することが必要であるとしている。つまり、焼却による環境純利益は、廃棄物を燃やすことで得られるエネルギーと、焼却により生じる環境被害対策費用とを比較するだけでは計算できない。その廃棄物がリサイクルされた場合に、得られると予想される利益も計算に入れなくてはならないのである。このようなより広い視点から、廃棄物が与える気候変動に関する社会的費用を捉えることが、貨幣価値換算が難しいこの社会的費用をより正確に捉えるには必要であるように思われる。

　(3)に関しては、(1)と(2)における社会的費用をさらにマクロ的視点で捉えている。Murrayは、産業の発達による天然資源の過剰使用について、このままの経済成長では天然資源に限界があるため維持できず、資源を多量に使用する現

在の生産モデルでは開発途上国では成功しないとしたうえで、特定の資源というよりも生態系の一部として資源の問題を捉え、生命を支える自然のシステムが消耗され自然の資本の蓄えがつきようとしていると指摘している。

このように自然界の循環を基調とする物質フローから廃棄物を考えると、廃棄物は常に物質の流れの大半を占めている。しかし、市場経済では処理コストや復旧コストとしてのみ現れるため、資源の消費と汚染による自然資本の消失への対策コストが内部化されていない。この自然資本の消失にかかる社会的費用こそ、資源生産性の向上により低減させなければならない重要な費用であるといえよう。

4.4 ゼロ・ウェイストにおける社会的基準

Kappの社会的費用の概念に準じると、先のゼロ・ウェイストにおける3つの社会的費用は、社会にとって重大な社会的損失を与えていると捉えられており、社会的損失の発生に伴って支出される費用の大きさを、Murray（2002）は以下の社会的基準を設定し評価している[22]。

(1) 有害廃棄物排出ゼロ（Zero Discharge）
(2) 大気汚染ゼロ（Zero Atmospheric Damage）
(3) 無駄資源ゼロ（Zero Material Waste）

有害廃棄物排出ゼロとは、物質分解とリサイクルという自然のプロセスに従わない、環境に蓄積されていく毒性の物質は排除すべきということであり、問題となる物質の生産を徐々に廃止して排出をゼロにすることである。特にゼロ・ウェイストでは、廃棄物に含まれる人または自然に有害な物質の根絶を目標として削減していくことをめざしている。

大気汚染ゼロは、廃棄物処理から発生するガス、特に気候変動の観点から未処理の有機廃棄物の埋め立て禁止によるメタンガス（CH_4）の削減、そして廃棄物管理によって炭素収支を回復させることによる二酸化炭素（CO_2）対策があげられる。つまり現存の材料と製品に含まれるエネルギーの損失とリサイク

ル工程での化石燃料の使用を最小限にし、有機物質を堆肥化し土に返すことで固定が可能な炭素の廃棄をゼロにするのである。

無駄資源ゼロは、最終処分される廃棄物がなくなるということである。このためには、設計を視野に入れた「循環」という定義を明確にする必要がある。循環の定義における主要なシステムとして、McDonough and Braungart (1998) は、主要な循環を「生物的循環」(The Biological Cycle) と「技術的循環」(The Technical Cycle) とに区別することが必要であると指摘している。

生物的循環とは、「生物学的栄養素」(Biological Nutrients) と呼ばれる生物分解性の物質からなり、製品使用終了時には安全に環境に還元(堆肥化)され、土壌の再生に貢献する製品の循環を意味している。自然の力によって分解された廃棄物は、食物を育てる大きな原動力となり、「廃棄物は植物」(Waste=Food)へとつながっていく。技術的循環とは、「技術的栄養素」(Technical Nutrients)と呼ばれる再生利用可能な物質で作られ、ライフサイクルの過程を通じてクローズド・ループ・システムのなかにとどまる循環を意味している。人間が作り上げるこの循環は、堆肥化されるものを除き、生物的循環と交わることなく全てが再利用される。つまり、「廃棄物は資源」(Waste=Resource)と捉えることができる。これら二つの循環に属さない製品は、長期的

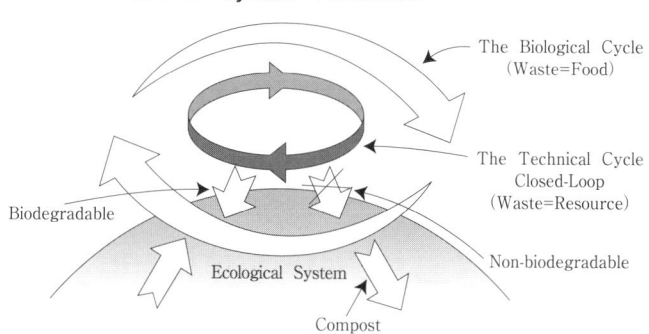

図 2-2 Cyclical Production

出所:McDonough and Braungart (1998) より筆者作成

な視点により段階的に廃止していくのである（図2-2）[23]。

4.5 ゼロ・ウェイストにおける制度システムのあり方

社会的費用の増減は、「責任」と「費用負担」を根幹とする制度システムのあり方で左右され、社会的費用や社会的損失の内部化を図る効率的で公平・公正な社会システムを構築することが、多大な社会的費用あるいは社会的損失の発生を抑制し、モノの流れの社会経済システムを社会的最適状態に近づけることにつながる。この「責任」と「費用負担」の制度システムの実現に向けてConnett（2003）は次の二点を指摘している[24]。

(1) 地域における責任
(2) 企業の責任

(1)における重要な点は、ごみを発生源で分別するということである。また、どんなに分別しても、どうしても残ってしまうもの（リサイクル残さ）は専用の細分別施設に持っていき、最終的に残った残渣に関しては、生産者や排出者の金銭的負担を求めている。(2)においては、企業に対し廃棄物監査を実施することに加えて、拡大生産者責任の徹底を求めている。

また、Murrayは、「責任」と「費用負担」の制度システムの実現について、製造業者とデザイナーとが、物質の技術的または経済的リサイクルの可能性を確保し、さらに生産と資源への需要を根本から削減する努力の中心的存在になろうとしているとし、廃棄物の責任が廃棄物管理者や廃棄物産業から廃棄物の生産者へと移り、生産者が資源を利用し、廃棄し、そして再利用する方法を見つけ出すべきであるとしている。そして、制度システムの捉え方を次の三つの点にまとめている。

(1) 排出される廃棄物だけを対象に問題を考えるのではなく、生産と消費のシステム全体を考える（経済の流れの一部（そして最終点）からの廃棄物を考えるのではなく、産業のシステム全体からの観点で捉える）。
(2) 廃棄物問題とその再定義された役割を、新しい産業的枠組みで捉える

（知識経済と複雑な複合生産システムの視点から眺める）。
(3) 環境政策と産業の変革過程に新しいモデルを提案する。

ゼロ・ウェイストは、生産→流通→消費→廃棄の流れにおいて、廃棄部門が産業再設計に貢献するという従来のバック・エンド・シンカー（Back-End-Thinker）から、フロント・エンド・シンカー（Front-End-Thinker）へと発想の転換を促すものであり、廃棄部門つまり廃棄物処理を担う自治体を含めた社会経済システムのあり方を変えるための政策であるといえる。

5 結びにかえて──制度的視点からみたゼロ・ウェイスト政策の意義──

「脱焼却」、「脱埋立」をアプローチとするゼロ・ウェイスト政策は、日本のごみ処理政策の背景を考えると、理想的で非現実的な政策として位置づけられるおそれがある[25]。ゼロ・ウェイスト政策ではないが、三重県において、「ごみゼロ社会」の実現に向け、2025年を目標年度としてごみの排出量を3割削減、ごみの最終処分量をゼロにしようとする「ごみゼロ社会実現プラン」が2005年3月に策定された。しかし、ここでも焦点は「ごみの排出をゼロにできるのか？」というものであった[26]。

ゼロ・ウェイスト政策において重要なのは、「ごみを焼却しない、そして埋め立てない意義」を理解することである。つまり、大量廃棄型社会を生み出している現在の「分断型社会システム」が引き起こす、廃棄物に関する社会的損失あるいは社会的費用を認識することであり、めざすべき「循環型社会システム」が示す社会的最適状態から大きくかい離している現状を理解することである。

八木（2004）は、社会的費用の認識や合意に注目すれば、社会的基準とそれを用いる社会的評価を通じて社会的費用が変化するとし、このことを「社会的費用の動態化」として捉えている。このことから、廃棄物にかかわる社会的費用を認識し合意すれば、社会的基準の設定により社会的最適状態に向け社会的

費用の変動が起こることも期待される。

　また、Kapp（1981）は、社会的費用の負担が、経済的および政治的弱者へ集中するという、「社会的費用の階層性」に着目している。社会的基準の決定に関しては、社会的費用や社会的損失による影響を最も受ける主体が参加することが必要である。ゼロ・ウェイスト政策は、まず「消費者」である住民を含む「地域の責任」を重視し、地域住民に取り組みを求めている。社会的費用や社会的損失の影響を最も受けるであろう主体が社会的最適状態に向けた社会的費用の変動に着目すれば、それは社会的費用の内部化を図る効率的で公平・公正な社会システムの構築を模索することになるであろう。

　そのメルクマールが「責任」と「費用負担」を根幹とする制度システムであり、「排出者責任」そして「拡大生産者責任」の徹底ということにつながる。あえていうなら、この制度システムを実現するためには、「脱焼却」、「脱埋立」という目標を設定し行動を起こす必要があるのではないだろうか。

　ゼロ・ウェイスト政策を実施するにあたり、「脱焼却」、「脱埋立」という結論から議論をすすめることで合意形成を図るのは困難である。結論よりもむしろそこに至る背景に焦点をあてることが重要であり、廃棄物が引き起こす社会的費用あるいは社会的損失を認識し合意することが、行政、地域住民そして企業が協働してゼロ・ウェイストに取り組む第一歩となるであろう。

　　＊　本章は、若山幸則（2006）「社会的費用論から見たゼロ・ウェイスト政策―「責任」と「費用負担」の制度的視点より―」『三重中京大学研究フォーラム』第1号、pp.37-54に加筆修正を加えたものである。

注
1）「カウボーイ経済」とは、狩猟経済をイメージしたものであり、食糧が無限にあり不要物の捨て場が無限に得ることができ、住むために適した場所が無限にあることが前提で成立する従来型の経済活動である。これに対し、「宇宙飛行士経済」では、地球はひとつの宇宙船であり両方とも閉鎖的で有限であるとの認識のもと、太陽エネルギー資源を継続的に再生していく循環的な生態系システムのなかで生活を営むことである。

2）詳しくは、植田（1992）、p.28を参照。
3）社会的費用の概念を用いて、環境政策のあり方を考える文献として、植田和弘（1991）を参照されたい。
4）Kapp（1950）邦訳、pp.15-16を一部修正。
5）詳しくは、植田（1992）、pp.87-88を参照。
6）植田（1992）、p.2。また、環境経済論の課題を概観するにあたっては、植田和弘、寺西俊一（1991）を参照されたい。
7）ここにおける「内部化」とは、社会的費用や社会的損失の発生原因者である経済主体の経済計算のなかに、その費用と損失を組み込むことを意味している。
8）詳しくは、八木（2004）、pp.11-12を参照。
9）詳しくは、Kapp（1975）邦訳、p.67, 116を参照。
10）ゼロ・エミッションの意義と役割については、藤田（2000）及び鵜浦（2002）を参照。
11）詳しくは、Pauri（1995）「ゼロ・エミッション―21世紀の産業クラスタ」（Capra and Gunter（1995）, pp.181-202）を参照。
12）生産工程・製品・サービスに対して、継続的に統合的汚染予防策を実施し、経済・社会・健康・安全・環境面における利益を追求すること。詳しくは、UNEP（国連環境計画）クリーナー・プロダクションに関する国際宣言（http://www.uneptie.org/pc/cp/declaration/translations/japanese.htm）を参照。
13）国母工業団地の事業活動の概要については、長野県中小企業団体中央会機関誌『月刊中小企業レポート』No.269を参照。
14）平成18年1月現在。詳しくは、経済産業省のホームページ（http://www.meti.go.jp/policy/eco_business/index.html）を参照。
15）『研究社 リーダーズ英和辞典』第2版による。
16）詳しくは、ACT NO Wasteホームページを参照。
17）決議に関しては（http://temp.sfgov.org/sfenvironment//aboutus/policy/resolution/002-03.htm）を参照。
18）ニュージーランドにおけるゼロ・ウェイストの広がりにはゼロ・ウェイスト・ニュージーランド・トラストが重要な役割を果たしている。1997年に設立された慈善団体で、ゼロ・ウェイスト宣言自治体を積極的にサポートしている。詳しくは、Zero Waste New Zealand Trust Councilsホームページを参照。
19）上勝町のゼロ・ウェイスト政策の詳細については、第3章及び第4章で述べられている。
20）詳しくは、Murray（2002）邦訳、pp.17-27を参照。
21）環境機会費用については、Field（1994）、pp.57-58を参照。
22）詳しくは、Murray（2002）邦訳、pp.35-43を参照。
23）関連する文献として、McDonough, Wand M, Braungart（2002）も参考にされたい。
24）詳しくは、Connett（2003）、pp.7-8を参照。

25) 詳しくは、若山（2005）、p.54を参照。
26) 筆者は、ごみゼロ談義の委員としてこの計画策定に加わった。

【引用文献】

天野明弘（1997）『地球温暖化の経済学』日本経済新聞社。

Boulding, Kenneth (1966) "The Economics of the Coming Spaceship Earth" (http://dieoff.org/page160.htm)

Clark, J. M. (1923) *Studies in the economics of overhead costs*, University of Chicago Press.

Cline, W. R. (1992) *The Economics of Global Warming*, Inst for Intl Economics.

Connett, P. (1999)『焼却に代わるごみ処理法』グリーンピース・ジャパン（http://www.greenpeace.or.jp/campaign/toxics/zerowaste/report/）

Connett, P. (2003)「世界のごみ政策と日本の焼却主義」『月刊廃棄物』vol.29、No.343、pp.4-9。

Capra, F. and G. Pauli (1995) *Steering Business Toward Sustainability*, The United Nations University Press.（赤池学監訳『ゼロ・エミッション　持続可能な産業システムへの挑戦』ダイヤモンド社、1996年。）

Field, B. C. (1994) *ENVIRONMENTAL ECONOMICS, An introduction*, The McGraw-HillCompanies, Inc.（秋田次郎・猪瀬秀博・藤井秀昭訳『環境経済学入門』日本評論社、2002年。）

藤田成吉（2000）「ゼロ・エミッションと循環型社会の構築」『産業と環境』5、pp.24-28。

五井一雄（1978）『経済政策原理』税務経理協会。

Kapp, K. W. (1950) *The Social Costs of Private Enterprise*, Harvard University Press.（篠原泰三訳『私的企業と社会的費用』岩波書店、1959年。）

Kapp, K. W. (1975) *Environmental Disruption and Social Costs*.（柴田徳衛・鈴木正俊訳『環境破壊と社会的費用』岩波書店、1975年。）

Kapp, K. W. (1981) "Environmental Disruption and Protection", *Socialism and Environment*.（華山謙訳『生活の質』岩波書店、1981年、pp.23-45。）

Knight, F. H. (1924) "Some Fallacies in the Interpretation of Social Costs", *The Quarterly Journal of Economics*, Vol.38、pp.582-606.

McDonough, W. and M. Braungart (1998) "The NEXT Industrial Revolution", *Atlantic Monthly*, October 1998.

McDonough, W. and M. Braungart (2002) *Cradle to Cradle*, North Point Press.

Michalski, W. (1965) *Grundlegung eines operationalen Konzepts der "Social Costs"*, Tubingen: J. C. B. Mohr.（尾上久雄・飯尾要訳『社会的費用論』日本評論社、1969年。）

Murray, R. (2002) *ZERO WASTE*, Green peace Environmental Trust.（グリーンピース・ジャパン訳『ゴミポリシー』築地書館、2003年。）

Seligman, Edwin R. A. (1905) "Principles of Economics", 1. Aufl., New York.
高寄昇三 (2001)『自治体のごみ減量再資源化政策〜財政破綻を招かないために』ぎょうせい。
寺西俊一 (2002)「環境問題への社会的費用論アプローチ」佐和隆光、植田和弘編 (2002)『環境の経済理論』岩波書店、pp.65-94。
植田和弘・落合仁司・北畠佳房・寺西俊一 (1991)『環境経済学』有斐閣
植田和弘・寺西俊一 (1991)「環境経済論の課題」植田他 (1991)、pp.3-30。
植田和弘 (1991)「社会的費用論アプローチ」『環境経済学』植田他 (1991)、pp.85-102。
植田和弘 (1992)『廃棄物とリサイクルの経済学』有斐閣。
鵜浦真紗子 (2002)「ゼロ・エミッションの考え方と海外の参考事例」『都市清掃』vol.55、No.250、pp.66-69。
若山幸則 (2005)「循環型社会の実現に向けた自治体ごみ処理政策の新たなる展開―「ゼロ・ウェイスト政策」の可能性―」『松阪大学紀要』第23巻、第1号、pp.37-56。
八木信一 (2004)『廃棄物の行財政システム』有斐閣。

【参考サイト】 *

上勝町　http://www.kamikatsu.jp/
ゼロ・ウェイストアカデミー　http://www.zwa.jp/newhp/index.htm
グリーンピース・ジャパン　http://www.greenpeace.or.jp/
Zero Waste Alliance　http://www.zerowaste.org/index.htm
Zero Waste New Zealand Trust　http://www.zerowaste.co.nz/
Envision New Zealand　http://www.envision-nz.com/?pid=zerowaste#links
ACT NO Waste　http://www.nowaste.act.gov.au/index
Zero Waste Businesses　http://www.grrn.org/zerowaste/business/index.php

＊2006年8月28日現在

第3章 ゼロ・ウェイスト政策の展開
—徳島県勝浦郡上勝町の実験1—

寺 本 博 美
若 山 幸 則
濱 口 高 志
大 谷 健太郎
鈴 木 章 文

1 はじめに

　地球温暖化、大気汚染、水質汚濁など環境問題は、「京都会議」に代表されるように地球規模での課題として取り組まれている。他方、科学技術の進歩とそれによる生産方法によって、わたしたちの生活は物質的な豊かさを享受できるようになった。しかしながら、生産と消費の間断のない状況のなかで、資源の浪費と環境破壊に危惧の念を抱くようになってきた。廃棄物は生産・消費の拡大、都市化の進行、生活様式の変化などによって加速度を帯びて増大し、その結果、廃棄物処理が現代社会の大きな課題となって表面化してきた。

　「ごみ」をめぐる歴史は人類の歴史と同じくらい長い。反面、ごみにたいする意識は、環境破壊に比べて必ずしも高くはないようである。ごみ問題は、まず都市・地域の課題として解決されなくてはならないであろう。ごみにたいする挑戦は、わたしたち市民の意識を変革するという意味をもっている。

　こうした認識の下に、循環型社会の形成に、これまでとはまったく違う観点から取り組んでいる地方自治体がある。徳島県勝浦郡上勝町である。「ごみは資源である」という発想が、これまでの焼却・埋め立てという処理方法から焼却しない処理方法を上勝町に選択させた。そのまま日本語に直訳すれば文字ど

おりの「ごみゼロ」であるが、「ゼロ・ウェイスト」(Zero Waste)、すなわち希少な資源の有効な活用、具体的にはごみの分別収集の徹底とその再資源化によって浪費をなくし、それを通した社会貢献・地域社会の発展をめざしたまちづくりが進められている。

そこで本章では、日本で最初にゼロ・ウェイスト宣言をするとともに、日本のゼロ・ウェイスト戦略の先導的役割を果たしている徳島県勝浦郡上勝町における事例を取り上げ、ゼロ・ウェイスト政策の導入に至る背景、ゼロ・ウェイスト政策導入の効果と今後の課題について検証する。

2　上勝町の概況

2.1　位置、人口指標

徳島県勝浦郡上勝町は、徳島市の南西約40kmに位置し、町の南北側に急勾配の山地、勝浦川流域にわずかな平地という地形をもっている。

上勝町の人口2,087人[1]は町単位として徳島県内を含めて四国4県のなかで最も少ない。上勝町の人口は、1950年の6,356人を最大にして年々減少傾向を

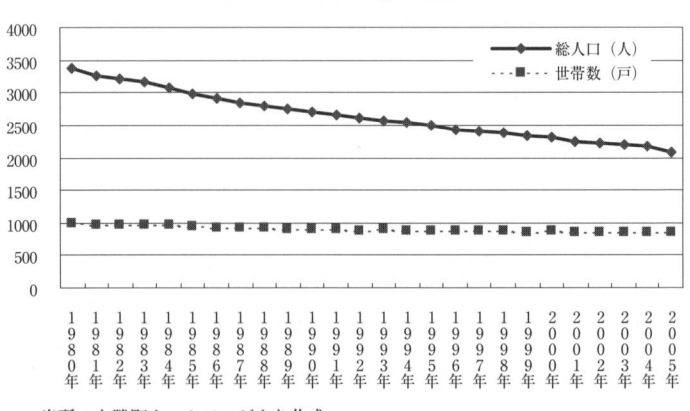

図3-1　人口世帯の推移

出所：上勝町ホームページより作成。

第3章 ゼロ・ウェイスト政策の展開　47

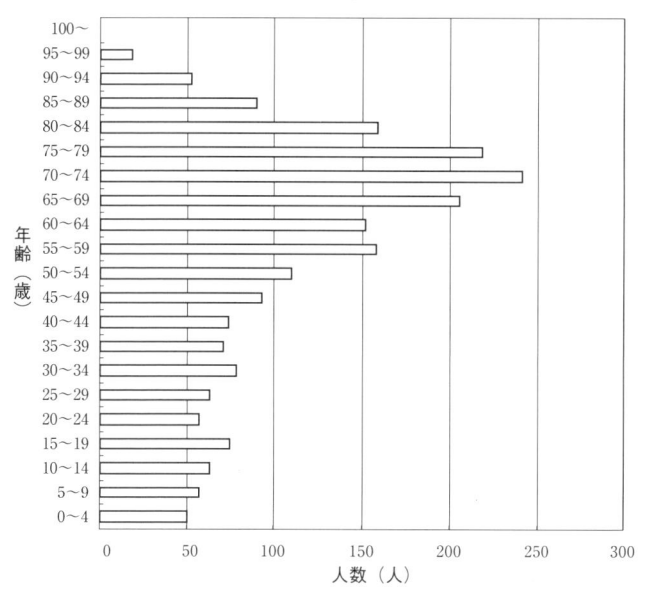

図3-2　年齢別人口

年齢（歳）／人数（人）

出所：上勝町ホームページより作成。

示している。世帯数こそ横ばいであるが過疎化が進行しているまちである（図3-1）。

　また、年齢別人口では70歳〜74歳の割合が最も多く、次いで75歳〜79歳、65歳〜69歳と続く（図3-2）、高齢化率は約44.9%と非常に高いが、「寝たきり老人数（在宅で1年以上寝たきりの方）」が1人[2]ということもあり、比較的元気なお年寄りが多いといえる。

2.2　産業形態

　上勝町の産業形態についての概要を表3-1に示す。

　産業別就業人口を見ると、第1次産業就業者が41.6%で最も高く、この割合は徳島県において1位である。一方で、第3次産業就業者比率33.8%は徳島県において下位から2番目の低い割合となっている。耕地に関しては、樹園地が

表3-1 上勝町の産業形態

項　　目	第1次産業	第2次産業	第3次産業
1人あたりの町民所得		2,030(千円)	
町内総生産額		4,094(百万円)	
総生産比率	14.9%	15.4%	76.8%
就業人口(比率)	486人(41.6%)	287人(24.6%)	396人(33.8%)

(注)　1人あたりの町民所得、町内総生産額および総生産比率は2003年度、就業人口(比率)は2000年度のデータである。
出所：徳島県統計情報ホームページより作成。

約46%、水田が約34%を占めており、特産物の香酸柑橘類（ゆこう、ゆず、すだち）や花木を反映する割合となっている。

一方、上勝町は第三セクターによる町づくりを推進し、5つの会社を所有している[3]。2004年の売上高の合計が約10億円に達し、町内産業の中心的役割を担っている。

2.3　財政指標

財政力指数と公債費比率、経常収支比率[4]などの主要財政指標を表3-2に示す。経常収支比率は80%未満が適正値と判断されるが、上勝町は96.6%と高い値を示している。町民1人あたりの税負担額は16,190円であり、徳島県においては最も低い金額である。上勝町の主要財政指標を概観すると、やはり人口の少なさに起因する税収入の脆弱さが目立ち、厳しい現状を表しているといえる。

表3-2　上勝町の主要財政指標（2004年度）

財政力指数	0.131
公債費比率	15.0%
経常収支比率	96.6%
自主財源割合	23.3%
一般財源割合	42.2%
町民1人あたり税負担額	16,190円

出所：徳島県統計情報ホームページより作成。

3　ゼロ・ウェイスト宣言以前のごみ処理政策

　宣言以前の上勝町のごみ処理において、1970年頃から1997年までは、ごみの多くは各自で野焼きされ埋め立てられていた。町民が、自発的に現在の資源分別集積場所である日比ヶ谷ごみステーションの付近の空き地に、各自のごみを持ち込み野焼き処分していたのである。これに対し、上勝町は、適正処理を行うべく1993年に『上勝リサイクルタウン計画』を策定して、本格的なごみ処理対策に着手した。

3.1　生ごみ処理対策

　計画を策定するに当たり町内全戸を対象にごみの排出量調査を実施した。この調査により焼却ごみに占める生ごみの割合が非常に高いことがわかった。生ごみは、焼却処分するにも多量の補助燃料を必要とし、埋め立て処分するにもはえの発生や悪臭など衛生上の問題がある。まず、この生ごみ対策として、コンポストと生ごみ処理機の導入を進めた。

　特に、生ごみ処理機に関して、当時は高コストを要する特定微生物が一般的であったが、低ランニングコストをめざし一般微生物を用いた新しい家庭用生ごみ処理機の開発をメーカーに依頼し、1995年に4ヶ所でモニターを開始した。同時に、森林資源に恵まれた町の特性を生かすため、独自のホールチップの研究にも着手し、50台の試験機で実用試験を実施した後、ホールチップの製造を開始した。

　このホールチップには、「オガコ（クヌギやコナラなどの広葉樹の木屑）」が含まれている。このオガコは、「ボタ」と呼ばれる椎茸菌のついた木材[5]の原料として徳島中央森林組合上勝支所のオガコ製造工場で生産され、株式会社上勝バイオ[6]にてこのオガコに栄養剤とバイオ技術で抽出した椎茸菌を加えた人工ボタ木を、年間120万本生産・出荷をしている[7]（写真3-1）。

写真3-1　ボタを使ったしいたけ栽培の様子

出所：株式会社上勝バイオホームページ

　オガコを製造するにあたって、広葉樹の表皮はボタの原料としては不向きであり利用する価値がなかった。そこで、この表皮と残ったオガコを主な原料としてホールチップづくりが進められたのである。生ごみ処理機の一回分のホールチップ（約6kg）の値段は500円であり、同森林組合が販売している。このホールチップで平均して3ヶ月～4ヶ月間は生ごみを堆肥化することができ低ランニングコストを実現するとともに、従来処分するしかなかった表皮くずを再利用することができた。

　この生ごみ処理機を1万円の自己負担で各戸に配布し、先に述べた低ランニングコストの効果もあり、コンポストとあわせてほぼ100%生ごみの堆肥化を実現している。

3.2　ごみの再資源化対策

　上勝町における資源の分別品目の変遷を表3-3に示す。

　1997年には、小型焼却炉を2機導入し焼却処理を行うとともに[8]、ごみの再資源化対策を実施した。分別は17品目分別であり、缶類、びん類、ガラス類が主な内容である。また、農薬や農業用ビニールに関しては、直接販売店に返すように町が直接指導している。1998年度にも分別の種類を増やしており、主な追加内容は、紙類、布類そして食品トレーなどである。

表3-3 上勝町資源分別における品目の移り変わり（1997年度以降）

1997年度	1998年度	2001年度	2002年度～
アルミ缶			アルミ缶
スチール缶			スチール缶
スプレー缶			スプレー缶
	金属製キャップ		金属製キャップ
透明びん			透明びん
茶色びん			茶色びん
その他のびん			その他のびん
		リサイクルびん	リサイクルびん
その他のガラス類			その他のガラス類・陶器・貝殻
		陶器類・貝殻	
乾電池		乾電池（アルカリ、マンガン、リチウム、ボタン、ニカドの種類に分別)	乾電池（アルカリ、マンガン、リチウム、ボタン、ニカドの種類に分別）
蛍光管		蛍光灯（そのままのもの）	蛍光灯（そのままのもの）
		蛍光灯（壊れたもの）	蛍光灯（壊れたもの）
鏡		鏡・体温計	鏡・体温計
電球			電球
	発砲ポリスチレン製容器	発砲スチロール類	発砲スチロール類
	古布		古布
牛乳パック	紙パック		紙パック
	段ボール		段ボール
	新聞・折り込みチラシ		新聞・折り込みチラシ
	雑誌・コピー用紙		雑誌・コピー用紙
	割りばし		割りばし
		ペットボトル	ペットボトル
		ペットボトルのふた	ペットボトルのふた
		ライター	ライター
		ふとん・毛布・絨毯・カーテン・カーペット	ふとん・毛布・絨毯・カーテン・カーペット
		紙おしめ・ナプキン	紙おしめ・ナプキン
	廃食用油	廃油	廃油
		プラスチックボトル類	プラスチック製容器包装類
燃えるゴミ	燃やせるゴミ	プラスチック類・その他の紙類	どうしても燃やさなければならないもの
		廃タイヤ・廃バッテリー	廃タイヤ・廃バッテリー
粗大ゴミ			粗大ゴミ
		家電製品	家電製品
生ゴミ			生ゴミ（各家庭で堆肥化）
農薬		農業用廃ビニール・農薬びん等	農業用廃ビニール・農薬びん等（販売店に返却）
農業用ビニール			

出所：上勝町資源分別収集方法より作成。

2001年1月に「ダイオキシン類対策特別措置法」に伴うダイオキシン類の規制により町は小型焼却炉を閉鎖した。それと同時に、分別の種類を35品目に増やしている。主な追加内容は、プラスチック類、陶器類そして家電製品類である。また、従来分別していた蛍光灯においても、壊れたものとそうでないものに分類するなど、再資源化方法に対応して従来の分別方法を変えている。現在の34品目分別の方式は2002年7月1日から実施されている。

　ごみの再資源化に関しては、町内に1ヶ所の日比ヶ谷ごみステーションに、町民自らがごみを持ち込む方法を採用している。ステーションの資源ごみの受付時間は、1997年度は毎週日曜日の午前7時30分から午前9時までであった。1998年度には、缶類、びん類、乾電池、金属性キャップなどは、毎週日曜日の午前7時から午前11時30分とし、紙類、古布、廃食用油、割りばしなどは、毎月ごとの最終の土・日曜日の午前9時から午後5時までとし分別品目を週別と月別に分けて受け付けていた[9]。2001年度からは、すべての分別品目[10]の受付を年末年始（12月31日〜1月2日）以外は、毎日午前7時30分から午後1時まで日比ヶ谷ごみステーション一箇所で行い、町民が利用しやすいように年々改善されている。現在は、毎日午前7時30分から午後2時へとさらに時間を延長している。

3.3　日比ヶ谷ごみステーション

　ごみステーション自体の建物は、四国電力株式会社の事務所をそのまま利用したものであり、町が計画に従って新たに建設したものではない（写真3-2）。ここに集められたごみは保管され、定期的に民間業者が引き取りにくることになっている。ごみステーションにおける分別方法の特徴として以下のことがあげられる。

(1)　実際の分別は住民が各家庭で細かく分別して持ち込むのではなく、大雑把に分別してステーションにおいて細かく分けている。このため、ステーション内では分別品目の一覧表（写真3-3）が掲示してあるほか、それ

第3章 ゼロ・ウェイスト政策の展開　53

写真3-2　日比ヶ谷ゴミステーション概観（左）・内部（右）

（著者撮影）

写真3-3　分別品の一覧表　　写真3-4　ごみの再資源化場所の一覧

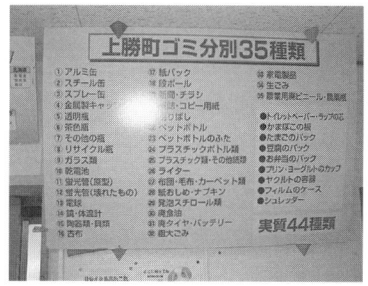

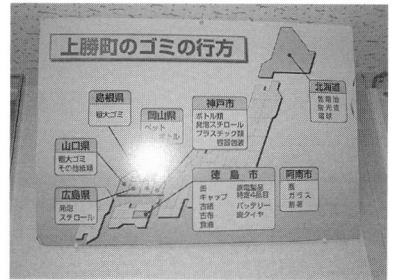

（著者撮影）

　　ぞれのコンテナも分別を細分化しやすいように配置されている。また、表を使ってそれぞれ分別された資源物がどのように再資源化されるのかをわかりやすく説明している（写真3-4）。
(2)　資源物ごとに再資源化の手順やどのぐらいの量の資源物で、再資源化商品がどれだけ製造できるのかなど具体的な数値を使って説明しており、住民に分別の重要性を喚起する仕組みになっている（写真3-5）。
(3)　分別品目についても、再資源化工程にあわせた配慮がなされている。例えば、蛍光灯に関しては、そのままのものと割れた物とに分別している。割れていないものは水銀を回収することができるが、割れたもの（ガラス部分）についてはグラスウール工場でグラスウール断熱材にリサイクルされる。

写真 3-5　資源物回収コンテナ（左）と分別品目の掲示板（右）

（著者撮影）

写真 3-6　古紙類の保管の状況

（著者撮影）

(4) 古紙類は、紙パック、段ボール、新聞・折り込みチラシ、雑誌、コピー用紙の4種類にわけ、いずれも白い紙ひもで縛ってステーションに持ち込まれる。ビニール製のひもを使用していないため、ひもで縛ったままでリサイクルできる（写真3-6）。

(5) 分別した後のリサイクル残さは、「燃さなければならないごみ」として山口県において焼却処理されている。主な内容は、スニーカー、革製品、プラスチック製品でも包装でないもの、玩具、フロッピーディスクなどである。これらは、ステーション内にある圧縮機で減容化され保管される。また、紙おしめ・ナプキンも同様に焼却処理される。汚物はトイレに流してからステーションに持ち込まれるため、圧縮時に中身の飛散は少なく、

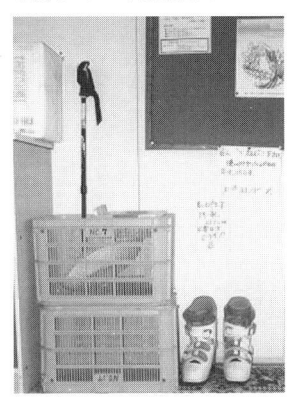

写真3-7　不用品をリユース

(著者撮影)

生ゴミも持ち込まれないため[11]ステーション内では悪臭はない。

(6) 使用可能な不用品については、ステーションに持ち込まれ必要な町民が自由に持っていくことができる（写真3-7）。

4　ゼロ・ウェイスト宣言とゼロ・ウェイストアカデミー

4.1　ゼロ・ウェイスト宣言

　この全国初の34分別によるごみ減量化への取り組みが、環境保護団体グリーンピース・ジャパン[12]の目に留まった。そして2003年7月にアメリカセントローレンス大学のPaul Connett教授（化学博士）が上勝町のごみ処理システムの視察に訪れ、開催された講演のなかでゼロ・ウェイストの考え方を紹介した。

　ゼロ・ウェイストの基礎に「ごみを燃やさない」という考え方がある。「ごみを燃やして処理する」ことは世界的にみると稀である。日本には1,700基以上のごみ焼却炉が存在するが、これは世界中のごみ焼却炉数の3分の2に値する。日本では、国が補助金を出して、県や広域市町村に大型ごみ処理施設やごみ発電所の建設を支援している。これらの事業費は、一般廃棄物だけで約2兆

6千億円 (2001年度) にのぼる。このような施設の建設は、2000年度に策定された「循環型社会形成推進基本法」に逆行するもので、しかも将来ごみ分別が進むと焼却量が減少し、この焼却施設の管理運営が成り立たなくなる。

また、このままではいくら大金を使っても、目に見えるごみと、処理施設から排出される目に見えない化学物質で環境が汚染されていくばかりである。さらに今後、開発途上国が日本のようにごみを出して、焼却・埋め立て処理をすれば、地球全体が汚染される。そして二酸化炭素 (CO_2) の排出で地球温暖化が促進されることになり、人間はもとより動植物に与える影響も計り知れない[13]。

こうした状況をふまえ、上勝町は2003年9月に、約20年後を目標として、日本で初めてゼロ・ウェイスト宣言を行った[14]。海外ではニュージーランド、オーストラリア、アメリカ（カリフォルニア）、ヨーロッパ（ドイツ、フランス、イタリア、スイス等）等の自治体が、ゼロ・ウェイスト宣言をしている。この宣言をした自治体は、普通6～8年以内で、新しい廃棄物規制制度が整っていなくても、ごみのリサイクル率50％を達成している[15]。

4.2 ゼロ・ウェイストに向けた法律制定への動き

住民と自治体が協力して努力することにより、ごみ減量化に対し、ある程度の成果は得られる。上勝町のリサイクル率は現在80％となっており、全国平均を大きく上回っている。しかし、ごみをゼロにするには、生産者側の協力が不可欠である。

上勝町の笠松町長は、あらゆる商品にデポジット制を適用することを提唱している。消費者が不用になったものはすべて製造業者が有価で引き取ることを義務づけ、違反者には罰金を科し、有価で回収できない商品の製造・販売を禁止するというものである。

2004年2月15日に、デポジット方式導入を内容とする「2020年ごみゼロを目標とした『資源回収に関する法律（仮称）』の制定について（要望）」[16]とし

て、小池百合子環境大臣あてに提出した。

　まず法律によって、2020年という期限を区切り、それに向けて関係者が知恵を出し、努力するようなインセンティブを与える。具体的には、この法律の主旨にそった商品の企画開発プラン、回収ルートの仕組みについて提案を募集し、すばらしい提案には、補助金や特許権を与えていこうというものである。笠松和市町長は、今後16年間で目標が達成可能であると確信している。

4.3　ゼロ・ウェイストアカデミー

　ゼロ・ウェイストを推進するにあたり重要な役割を果たしているのが「ゼロ・ウェイストアカデミー」である。ゼロ・ウェイスト宣言に伴い、その取り組みの普及と先進地域である諸外国とのパイプ役を担うための組織が必要なため、町はNPO法人の設立に向けて準備を進めた。設立の準備のために臨時職員を公募し、その後に事務局長と2人の非常勤職員の体制で2005年4月より「NPO法人 ゼロ・ウェイストアカデミー」として本格的な活動を行っている[17]。ゼロ・ウェイストアカデミーは、ニュージーランドにおけるゼロ・ウェイスト政策の中心的な役割を果たしている「ニュージーランド・ゼロ・ウェイスト・トラスト」[18]の教育機関である「ゼロ・ウェイストアカデミー」の活動をモデルとした団体である。

　ゼロ・ウェイストアカデミーの主な活動内容は、以下のとおりである。
⑴　ゼロ・ウェイスト推進のための普及・啓発
⑵　ゼロ・ウェイストの調査・研究
⑶　ゼロ・ウェイストスクールの設立・運営
⑷　ゼロ・ウェイスト商品の開発・普及

⑴に関する具体的な取り組みとして、多くの市民・企業・行政にゼロ・ウェイストを広めるためのイベントやツアーを企画し開催している。特に2005年の8月30日から9月4日にかけて開催された「ゼロ・ウェイストスクール　夏の合宿」は、ゼロ・ウェイスト政策の普及と環境分野で国際的に活躍できる人材

育成をめざしたもので、(3)のゼロ・ウェイストスクールの設立とも深く関わる事業として注目される。

　合宿は、20代から60代まで7名の参加[19]があり、同町の民家で生活しながら、日比ケ谷ごみステーションを見学したり、町職員から林業と新エネルギー政策について説明を受けたりするとともに、外国人講師による環境問題について英語による講義も実施された。また、合宿の最後には、参加者が町民に対して「持続可能な社会」と題して合宿の成果を発表するなど、町民と交流する機会も設けられた。

　(2)については、ゼロ・ウェイスト政策の先進地域であるアメリカ、カナダ、特にニュージーランドなどの取り組みを紹介するセミナーを開催し、国際的な情報を提供する役割を担っている。Connett教授を講師に招いた国際シンポジウム[20]では、アメリカのサンフランシスコ市、カナダのノバスコシア州における取り組みや、ゼロ・ウェイストを達成するために必要な製品の工業デザインと設計についての講演を通して、行政と住民の協働で上勝町のゼロ・ウェイスト政策のあり方を方向づけている。

　また、アメリカのカリフォルニア州バークレーで開催されたゼロ・ウェイスト研修会「ゼロ・ウェイストフェローシップ2005」[21]において、ゼロ・ウェイストアカデミーのである松岡夏子事務局長が上勝町の取り組みを発表している。この研修会には、上勝町の他にプエルトリコより2名、イギリスより1名のゼロ・ウェイストに取り組む人々が参加し、現地でのゼロ・ウェイストの目標達成にむけた再使用や再資源化の取り組みを見学するとともに、それに携わる人々との交流や情報交換を行うものであった。

　(3)においては、ゼロ・ウェイストを推進するための人材育成や、広く環境分野の仕事に携わりたい人の教育機関としての役割が期待され、先に紹介した「ゼロ・ウェイストスクール　夏の合宿」等のイベントを通じて、設立のための準備を進めている。加えて、Connett教授が上勝町で開催された「ゼロ・ウェイスト・シンポジウム」において、「ここにゼロ・ウェイストについての

学校ができた際には、客員教授として何度でも来ます。わたしの研究仲間も連れてきてもいい。」と協力の意思を強く示されたことなど、設立に向けた支援体制は整いつつあるといえる。

(4)に関しては、ゼロ・ウェイストを実現するための製品デザインを、生活者、企業とともに協力開発し普及するというものである。人口約2,000人という極めて小さな町であることから、企業との製品開発という本格的な活動には至っていないが、こいのぼりの古生地を使った「こいのぼりバック」や広告紙を使った「和紙づくり」など、生活者の起点から考え出されたローテク商品を紹介している[22]。

5　上勝町におけるゼロ・ウェイスト政策の効果と課題

ゼロ・ウェイスト戦略を含めて、これまで取り組まれた上勝町のごみ処理施策の効果と今後の課題を以下のように整理する。

5.1　焼却ごみの減少と高騰するごみ処理費用

焼却をしなければならないごみの量は、1998年には136,486kgであったものが、2001年には68,210kgと半減している。この年にごみの35品目分別の収集が開始された。同時に、一般家庭ごみのリサイクル（再資源化）率は55%から76%へと高まった。しかし、近年焼却ごみ量は増加しつつある。

ごみ焼却処理に関わる費用（埋立費用を含む）は、量自体が減少しているにも関わらず増加している。特に、1999年の794万5千円から2000年の1,527万5千円へと、ごみ焼却・埋立費用が急激に上昇しているが、その理由は1999年に小型焼却炉の停止に伴う焼却・埋立処分の業者委託によるものである。また、2004年度も前年度に比べ費用が急増している。（表3-4参照）。

ごみ処理に関して、上勝町と徳島市を比較すると、上勝町でのリサイクル率は75%と圧倒的に高く、1人1日当たりのごみ量に関しても355g／日・人で

表3-4 上勝町のごみ処理状況

年度	1998	1999	2000	2001	2002	2003	2004
焼却ごみ量(kg)	136,486	159,565	150,115	68,210	77,350	80,560	85,400
リサイクル率(%)	55	51	56	76	75	77	76
ごみ焼却・埋立費用(千円)	7,639	7,945	15,275	19,320	17,832	19,370	30,309

出所:上勝町視察時配布資料より作成。

表3-5 上勝町と徳島市の比較(平成2002年数値)

	上勝町	徳島市
ごみ分別数(品目)	34	9
ごみ量(g/日・人)	355	1,333
リサイクル率(%)	75	14
ごみ処理負担金/人(円)	15,100	15,900

出所:上勝町視察時配布資料より作成。

あり、徳島市の約1/4とごみの排出量自体も少ない。しかし、ごみ処理負担金においては、ごみの排出量に関わらずほぼ同額の値を示している(表3-5参照)。

現在実施しているごみの徹底分別は、「出たごみにたいする対策」であり、問題解決の方法としては制限的である。商品の「設計・製造・流通販売」の各段階において、ごみにならないもの・ごみになりにくいもの・リサイクル可能なものを選択するという視点は不可欠である。したがって、ゼロ・ウェイストに向けての取り組みの成果が、費用面でも反映されるような社会経済システムのあり方が今後問われることになると思われる。

5.2 来訪者の増加とイメージアップ戦略への貢献

宣言後の1年間、上勝町内での大きな変化は視察者の増加にも現れた。2003年9月から2004年9月19日までに「ゼロ・ウェイスト宣言」関連の視察による上勝町への来訪者は、98組1,023人に上る。来訪者の大半が、日比ヶ谷ゴミステーションを見学し、住民の前向きな協力姿勢と施設の利用の仕方などに強い感心を示す。これは、「ごみ」が日本全体の問題であり、すべての自治体の懸

案事項であることの証左である。

　また、上勝町役場のまちづくり推進課[23]によると、来訪者からは「上勝町のように、住民が前向きにごみを減らそう、美しい棚田や清流のような自然環境も保全していこうとしている町で生産された『彩』や『しいたけ』等の農産物は、安全でおいしいに違いない。」「また、上勝町に行って来たけれど道沿いにはほとんどごみがなく、途中で立ち寄った商店でも、再利用の菓子箱等を利用して、できるだけレジ袋を使わなくて良い工夫がされていた。」等のメールが届いているという。また、テレビ・新聞等の報道機関は幾度も特集を組み、上勝町の住民の取り組みを高く評価している。

　ゼロ・ウェイストへの取り組みは、上勝晩茶にみられるように、農産物の信頼性や付加価値を高め、結果として上勝町のイメージアップにつながっている。

6　おわりに

　上勝町のゼロ・ウェイスト政策には、特徴的なことがある。いくつか列挙してみると、つぎのようである。

　まず、ゼロ・ウェイストの政策理念が実行に移される上勝町の歴史的・文化的背景をあげることができる。ごみ処理は、基本的には行政に大きく依存するというよりも町民自らが処理をしてきたこと、言葉を換えていえば、ごみ収集・処理の組織が自己組織化されていたという点であろう。したがって、日比ヶ谷ごみステーションの運営についても、行政と町民の共同のもとに行なわれている。

　行政と町民の共同をささえるのは、町の人口規模が小さいこと、すべての町民の顔がわかることのメリットが活かされている。1970年代の半ばに、Schumacher（1973）は「小なるは美なり」（Small is Beautiful）という考え方を提唱したが、ごみ問題はまさに「巨大主義」の象徴である。生産・流通・消

費それ自体を否定するのではなく、ある意味では、ごみ問題を解決するための最適規模を求めて、そのひとつの試みを上勝町にみることができる。

　つぎに、どんな望ましい政策・施策であっても、その実行可能性が小さければ水泡に帰す。その点、上勝町は町長の個性とガバナンスで特異である。理論なき実践ではなく論理的に導き出された理論を踏まえた応用と暗黙知による、まさに参考とすべき地域公共政策のデザインを提供している。具体的には、一定のルールのもとでNPOとして「ゼロ・ウェイストアカデミー」を設立し、ボランティアや町民主体で展開されている。

　さらに、ごみ問題を町内というクローズド・システムではなく、町外処理というオープン・システムで解決しようとしている点にある。ごみの多項目にわたる分別によって、省資源あるいは資源の有効利用を日本という、大きなクローズド・システムで解決する方法が選択されている。ごみ問題を自己完結的に解決しようとすれば、町内の社会的費用は増大し、町の財政に大きな負荷がかかる。結果として、町民の負担も大きくなるであろう。

　ごみが再資源化されるのであれば、場所は選ばない。ごみの再資源化があらたな産業を形成すれば、小規模単位のごみ分別は、全体からみれば、ひとつのモジュールとして考えられなくもないであろう。

　以上のようにいくつかの特徴をさらに詳細に展開すれば、「ゼロ・ウェイスト」戦略は、諸外国と器は異なれど、問題解決にむけて参考になるであろう。規模の経済を求めた広域化ではなく、Small is Beautifulとごみ処理のモジュール化は、地域経営の新しい視点として期待できるものと考えられる。

〈資料〉

資料1．上勝町ごみゼロ（ゼロ・ウェイスト）宣言の全文と宣言文

《前文》

　上勝町は、平成9年廃棄物処理法の改正を受け、徳島県が策定した循環型廃棄物処理施設広域整備構想に基づき、県の指導のもと平成12年度小松島市と勝名5町村で、東部Ⅰブロックごみ処理広域整備協議会を設立し、最先端の大型（日量100トン以上）ごみ焼却場の建設について、調査研究を継続しておりますが、設置場所や建設規模などにおいてその目処は全く立っていません。

　今後において小松島市外5町村の広域ごみ焼却施設ができると仮定しても膨大な経費と管理運営費が必要となり、こうした施設の建設は、平成12年度に政府が策定した「循環型社会形成推進基本法」とは逆行するもので、しかも将来のごみの分別資源回収が進むと焼却量が減少し、この焼却施設の管理運営が成り立たなくなる事は明白であります。また、一般廃棄物最終処分場の建設については平成12年7月上勝町大字福原、通称蔭行に3.36haの用地を確保しましたが、処分場建設には多額の経費と管理を要することから当分の間は建設を見送り、第2期松茂空港拡張工事周辺整備事業の徳島東部臨海最終処分に工事が進められています。この最終処分場は、徳島県と徳島市外16市町村が加入していますが、総事業費139億円、完成後の管理運営は、財団法人徳島県環境整備公社に委託し管理運営費は、県と関係市町村が処分量に応じて負担することになっています。

　また、東部臨海最終処分場が順調に建設されて運営されたとしても、その使用期限が平成19年度から28年度までの10年間に限られており、それ以降はまた

別の新たな最終処分場の建設が必要です。

　国の政策は、廃棄物の発生抑制を第一とした「循環型社会」の形成を中心とした政策が現在も推進されており、基本法が公布された平成12年度でも、焼却炉や埋立地を中心とした廃棄物処理施設の建設・改修に約6,500億円が費やされており、その内約1,900億円が環境省の国庫補助で補われています。現在進められているごみの高温（800℃以上）焼却、ガス化溶融炉、RDFによるごみ発電等は、世界中の多くの国が地球温暖化防止を定めた「京都議定書」にも反するものであり、早期にこうした方法は改めなければならないと考えています。

　焼却炉をはじめとした施設建設、そしてそれらへの依存は、環境汚染・住民不安・自治体の財政圧迫などの深刻な問題を引き起こしております。その高額な施設は、廃棄物の発生を促すものであり、抑制にはつながりません。

　さらに、現行の国の政策では、莫大な補助金を使う誤った誘導政策によって自治体に過度のごみ処理責任を課すものとなっております。そして、生産者である企業の負担は自治体の負担より少なく、自治体が再利用・再資源化によりごみの減量を推進しようとしても国の補助誘導政策により実施できていないのが実情であり、今後税金による負担は増し、私たちの健康や環境が犠牲になると予想されます。

　私たちは、地球に残された貴重な資源を無駄にし、環境を汚染するごみ処理施設の建設のような処理対策を求めているのではなく、「製造や消費段階においてごみの発生を予防する政策」や「資源が循環する社会システムの構築」を求めております。そのためには、国が法律で拡大生産者責任を明確にし、製造から販売につながる逆ルートで製造業者が有価回収し、再利用、再資源化を進

める仕組みを作る必要があります。それによって技術開発が進むとともに新しい仕組みがつくられ、21世紀の中頃には、日本が世界に貢献できる可能性を秘めております。

　上勝町は、焼却処理を中心とした政策では次代に対応した循環型社会の形成は不可能であると考え、先人が築き上げてきた郷土「上勝町」を21世紀に生きる子孫に引き継ぎ、環境的、財政的なつけを残さない未来への選択をまさに今、決断すべきであると確信いたします。

　ここに上勝町は、「21世紀持続可能な地域社会」を築くために幅広く上勝町住民、国、徳島県、生産者の協力を強く求め、2010年を目標としたオーストラリアのキャンベラ、カナダのトロント、また2020年を目標としたアメリカのサンフランシスコ、更にはニュージーランドにおける半数以上の自治体のように具体的な長期目標を掲げる「ゼロ・ウエイスト宣言」を採用し、2020年までに焼却・埋め立てに頼らないごみゼロをめざし、本日、別紙のとおり「上勝町ごみゼロ（ゼロ・ウェイスト）宣言」及び「上勝町ごみゼロ（ゼロ・ウェイスト）行動宣言」をいたします

《上勝町ゼロ・ウェイスト宣言》

　未来の子どもたちにきれいな空気やおいしい水、豊かな大地を継承するため、2020年までに上勝町のごみをゼロにすることを決意し、上勝町ごみゼロ（ゼロ・ウェイスト）を宣言します。
１．地球を汚さない人づくりに努めます。
２．ごみの再利用・再資源化を進め、2020年までに焼却・埋め立て処分をなくす最善の努力をします。

3．地球環境をよくするため世界中に多くの仲間をつくります！

　　　　　　　　　　　　　　　　　　　　　　平成15年9月19日
　　　　　　　　　　　　　　　　　　　　　　徳島県勝浦郡上勝町

《上勝町ごみゼロ（ゼロ・ウエイスト）行動宣言》

1．上勝町は、焼却（ガス化溶融炉、RDF発電等も含む）、埋め立てが健康被害、資源損失、環境破壊、財政圧迫につながるものであることを認識し、焼却処理及び埋め立て処理を2020年までに全廃するよう努めます。その達成を確実なものとするため、上勝町自体がその責任を果たす努力を惜しまないことは勿論、国、徳島県、生産者にも最大限の努力を求めていきます。

2．上勝町は、地元で発生するごみの徹底的な発生抑制、分別・回収を指導し、2020年までにごみの発生率を最小にし、回収率を最大にできる上勝町にあった、ごみの発生を抑制するための教育システム、分別回収システムの構築をめざします。

3．上勝町は、国及び徳島県に対し、同様にごみの発生を抑制するために期限付きの高い目標設定を求め、その目標にあった拡大生産者責任の徹底などの法律や条例の改正整備を早急に行うとともに、ごみの発生抑制、分別回収の徹底に役立つ制度の早期確立を求めていきます。

4．上勝町は、あらゆる製品の生産企業に対し、2020年を目標にその製品の再利用、再資源化などの再処理経費を、商品に内部化して負担する制度の確立を求めます。これは同時に、2020年を目標にごみが発生しない、または分別回収、再利用、再資源化が容易な製品への切り替えを求めるものでありま

す。また、2020年以降も安全かつ環境負荷の少ない方法で再利用、再資源化できない製品を製造する生産者に対しては、環境負荷にかかる経費を考慮し、それ相応の措置をとるよう求めていきます。

5．上勝町は、日本国内の他の市区町村においても、上勝町と同様の目標を定め、相互ネットワーク構築による目標達成への協力体制が今後強まることを願い、積極的な情報交換を行っていきます。

以上宣言します。

平成15年9月19日
徳島県勝浦郡上勝町

資料２．「資源回収に関する法律（仮称）」の制定に関する要望書

環境大臣　小池百合子　殿

2020年ごみゼロを目標にした「資源回収に関する法律（仮称）」の制定について（要望）

１．主旨

　地球上のごみゼロ、社会経済システムの構築に向けて、2020年を目標に、それ以降すべての商品について、消費者が不要になった場合、製造～販売～消費の流れと逆ルートで、製造者に消費者から有価で回収することを義務づけ、違反者には罰則を科し、逆ルートで有価回収できない商品の製造販売を禁止する法律「資源回収法に関する法律（仮称）」を速やかに制定されたい。

２．理由

　ご承知のとおり現行の廃棄物処理法では、産業廃棄物は都道府県に、そして一般廃棄物は市町村に処理を義務づけています。そして、国の補助金を受けた県や市町村が多額の経費を投入し、中間処理施設や最終処分場を整備していますが、その維持管理にも多額の経費を要しています。その上、住民からは迷惑施設として敬遠され、国の内外を問わず数限りない紛争が発生しています。その紛争原因の多くは、廃棄物を焼却したり、埋め立てすることで大気、雨水、大地がダイオキシン等により汚染され、最終的に私たちの最も大切な健康を害するのではないかという不安からくるものです。しかしながら、現在でも国内のほとんどの企業、市町村、都道府県がゴミを焼却処理しており、国はこれに補助金を出して焼却処理を推進しています。

各種リサイクル法も課題が多く、みつからないように捨てれば儲かる制度となっており再検討が必要です。現実に、日本中で不法投棄が後を絶たず、県や市町村が一生懸命に手間をかけ、お金をかけて処理を続けても国土はゴミだらけです。

　こうした悪循環を断ち切って良い循環システムに切り替えるために2020年の法適用を目標に定め、それ以降あらゆる商品についてデポジット方式を基本とした消費〜販売〜製造という「消費の逆ルート」で廃棄物の有価回収を製造販売業者に義務づけ、回収できない商品の製造販売を禁止する法律「資源回収法に関する法律（仮称）」の整備を要望します。
　その具体的な展開方法として、全ての製造・流通業者並びに世界中の人々に呼びかけ、法律の主旨に添った商品の企画開発プラン、回収ルートの仕組み等について企画書の提案を募集し、画期的な提案、素晴らしい内容のものには開発費の100％補助等を実施してパテント等を取得できた場合、その特許権の半分は補助金を出した国、地方公共団体、大学、研究機関などに帰属させるというような推進法を制定すれば、世界中の人々の知恵と工夫で、限りある資源が有効に活かされ地球自体が公害から救われます。

　ビール瓶のように何十年もデザインが変わらず、中身だけ変えれば何回でも使用できる容器など、非常に長持ちする素晴らしいデザインや商品などが、商品の企画設計段階から「ゴミにならない商品」として次々と開発されると思います。そして、消費者が使わなくなった物が換金できるので経済も心も豊かになります。

　今、この法律を整備すると2020年からはゴミ焼却場も最終処分場も不要となり、資源が有効に活用され、大気等の汚染はなくなり、地球温暖化が防止され、ゴミ処理費も不要になります。

21世紀を環境の世紀とするにふさわしい"ごみゼロ社会経済システムの構築"に向け、世界一の資源輸入国として2020年を目標に、我が国が世界に誇る技術を活かし、環境面の技術やシステム開発で先導的役割を担えるよう、速やかに法律の整備に最大限ご尽力賜りますようお願いします。

平成16年2月15日

上勝町長　笠松　和市

* 本章は、寺本博美・若山幸則・鈴木章文・濱口高志・大谷健太郎（2005）「循環型地域社会の政策デザイン―徳島県勝浦郡上勝町における「ゼロ・ウェイスト」政策の展開―」『松阪大学地域社会研究所報』第17号、pp.41-63に加筆修正を加えたものである。

注

1) 2006年3月31日現在。住民基本台帳による。
2) 詳しくは、上勝町ホームページを参照。
3) 株式会社かみかついっきゅう、株式会社上勝バイオ、株式会社ウィンズ、株式会社もくさん、株式会社いろどり。
4) 財政力指数＝基準財政収入額／基準財政需要額で算出した指標である。1に近いほど財源が豊富とされる。公債費比率＝一般財源のなかで起債償還にあてる割合、経常収支比率＝固定的な支出の割合である。
5) ボタは、オガコ（広葉樹の木屑）と椎茸が育つ時の栄養の元になる米ぬか等に水を加えて作られる。
6) 上勝バイオは、上勝町が主体となり1991年4月設立され運営している第3セクターの企業である。事業内容は、町の主力品目であるしいたけの製造・販売、菌床（ボタ）の製造・研究・販売を行っている。2003年度の売上高は678,000（千円）であり順調に売り上げを伸ばしている。
7) 上勝町役場産業課（2003）、p.13を参照。
8) 焼却灰に関しては、最終処分場の確保ができずドラム缶にためておく状態が続いたが、平成13年1月より山口県の処分業者にて処理することとなった。
9) 月別の収集に関しては、日比ヶ谷ごみステーションではなく、コミュニティーセンターと高鉾公民館が集積場所となっていた。
10) 廃タイヤ・廃バッテリー、粗大ゴミ、家電製品を除く。
11) 家庭用の生ゴミは自家処理されているが、町内の飲食業者などはステーション内にある業者用の生ゴミ処理機で生ゴミを堆肥化している。
12) グリーン（緑豊か）でピース（平和）な世界を築くため、地球規模での環境破壊を止めることを目的として活動する国際環境保護団体。1971年に設立された。アムステルダム（オランダ）を本部とし、日本をはじめ世界27カ国の支部で、地球温暖化・オゾン層の破壊・原子力・森林消失・有害物質など地球規模での環境問題の解決をめざして世界中で活動を続けている。
13) 笠松（2004）。
14) 2003年9月19日の上勝町議会にて全員賛成で採択された。前文、および上勝町ゴミゼロ（ゼロ・ウェイスト）行動宣言は、資料1を参照。
15) Murray（2002）を参照されたい。
16) 要望書の全文は資料2参照。
17) 本節での記述には、ゼロ・ウェイスト・アカデミー・ジャパンの設立準備期間中の活動も含まれている。

18) 1997年に設立された慈善団体で、ゼロ・ウェイスト宣言自治体を積極的にサポートしている。
19) 応募者には、事前にゼロ・ウェイストアカデミーから出題されたテーマに沿ってエッセー（800字以内）と英文要約（200字以内）の提出が義務づけられた。
20) 「ゼロ・ウェイストシンポジウム in 上勝」（2004年12月に開催）、詳しくはゼロ・ウェイストアカデミーホームページを参照されたい。
21) 同研修会は、アメリカの環境保護団体「ガイア」の主催で3月4日から29日にかけて開催された。
22) 上勝町のリサイクル社会経済システムにおけるゼロ・ウェイストアカデミーの果たす役割と課題については若山（2006）を参照されたい。
23) 上勝町役場の行政組織図によると、組織再編によりまちづくり推進課は産業課に業務を移行した。

【引用文献】

上勝町役場産業課（2003）『いっきゅうと彩の里・かみかつ』、p.13。

笠松和市（2004）「リサイクルはどこまで可能か」、文藝春秋編『日本の論点2005』文藝春秋、p.477。

Murray, R.（2002）*Zero Waste,* Greenpeace Environmental Trust.（グリーンピース・ジャパン訳『ゴミポリシー』築地書館、2003年。）

Schumache, F. E.（1973）*SMALL IS BEAUTIFUL A Study of Economics as if People Mattered*（斉藤志郎訳『人間復興の経済』佑学社、1976年。）

若山幸則（2006）「ゼロ・ウェイストとリサイクル社会経済システム」『三重中京大学地域社会研究所報』第18号、pp.59-78。

上勝町視察時配布資料（株式会社いろどり）

【参考サイト】*

グリーンピース・ジャパン　http://www.greenpeace.or.jp/
株式会社上勝バイオ　http://www.kamikatsu.jp/3sec/3seku_bio.html
上勝町　http://www.kamikatsu.jp/
徳島県統計情報ページ　http://www.pref.tokushima.jp/Statistics.nsf/
ゼロ・ウェイストアカデミー　http://www.zwa.jp/newhp/index.htm

＊2006年8月28日現在

第4章　ゼロ・ウェイストを通じた地域資源の活用と創造
―徳島県勝浦郡上勝町の実験 2 *―

寺　本　博　美
若　山　幸　則
濱　口　高　志
大　谷　健太郎
鈴　木　章　文

1　はじめに

　「地方の時代」が盛んに語られ、流行語にまでなったのは1979年、バブル経済突入の直前である。90年代初頭にはバブルが崩壊し、不況が長期化・深刻化するなかで、さまざまな議論が噴出した。中央依存型の体制から地方自立型体制への移行をめざした21世紀型の行政のグランドデザインに関する議論もそのひとつである。これまでの中央集権型の政治行政システムを、市民参加による地方主権を基本とする制度へ変革していく。非営利組織や民間企業の取り組みが期待される分野については、これらに積極的に委ねる取り組みを行っていく。従来の各産業に対応した縦割りの中央省庁を改め、生活の視点にたって大胆に再編成していく。すなわち構造改革、垂直型思考から水平的思考への転換である。2000年、時代の変わり目の頃の話である。

　2005年11月29日、国の補助金を削減し、その機会費用分に相当する税を税源ごと地方自治体に譲り、地方交付税による財政保障機能の縮小を通じて地方自治体の裁量を増やす国と地方の税財政改革、すなわち三位一体改革に一応の決着をみた。地方の時代の実践が今後の大きな課題である。

　「地域再生推進のための基本方針」が2003年12月19日に内閣官房地域再生本

部において決定をみている。このような構造改革における「国から地方へ」、「官から民へ」という基本的な考え方に基づいて、2005年2月15日には「「地域再生推進のためのプログラム2005」について」が内閣官房地域再生推進室によって示されている。地方分権の推進、「平成の合併」を背景に地域再生が構造改革一連の流れのなかで、地方の重要な政策課題のひとつになっている。こうした地方を取り巻く政治経済社会環境の変化は、地方自治体の政策内容にも影響を与え始めつつある。

　中央政府から遠いことが地域の活力である。地域コミュニティとは、自分たちのことであり、自分たちで決定し、地域の変革は自分たちで行う、自主・自発・自立の自己責任文化が根底をなす。わが国がめざす新しい地域像、地域コミュニティ像、分権下の地域コミュニティ像の理想であろう。戦後のわが国に課せられた大きな課題、すなわち自由と民主主義という壮大な理想を追求するための、ひとつの社会実験として位置づけることができる。

　前章では、上勝町におけるゼロ・ウェイスト政策の展開を取り上げたが、本章では、ゼロ・ウェイストを通じた上勝方式（The Kamikatsu Way of Glocalization）[1]と呼ぶに値するような地域再生に向けた動きを検証・考察する。具体的にはゼロ・ウェイスト実践のひとつの新たな試みである木質バイオマスの取り組み、カード型「環境創造通貨」のゼロ・ウェイストカード導入の試み[2]、さらには既存の村に残る資源を活用し、そこに地域経済の持続可能性と再生をねらった、「ネットワーク思考」実践の一例として考えられる「日本で最も美しい村」連合への参加を取り上げる。

2　木質バイオマスの取り組み

2.1　木質バイオマスエネルギーの現状

　バイオマスは、太陽と水という天然の恵みを源泉として地球上に存在している「生物資源」のことであり、「動植物資源」と言い換えることもできる。主

なバイオマス資源の種類には、わらやもみがらなどの「農業廃棄物系バイオマス」、ナタネ油、サトウキビなどの「エネルギー作物」、家畜の糞尿から発生するメタンガスを原料とする「畜産廃棄物」、生ごみや下水汚泥などの「生物資源由来の廃棄物」があげられる[3]。

　これらの多様な資源のなかでも、「木質バイオマス」は枝葉などの林業廃棄物、間伐材、端材などを利用するものとして、近年注目を浴びつつある。しかし、日本において、石油や石炭などの化石燃料によるエネルギー政策の優先と、不振をきわめる国内の林業生産の影響で、木質バイオマスによるエネルギー供給は見過ごされてきたといえる。

　このような現状において、日本においても木質バイオマスは、カーボンニュートラルな燃料資源として注目されるようになり、2002年12月に「バイオマス・ニッポン総合戦略」が閣議決定され、バイオマスを活用して地球温暖化の防止、競争力のある新たな戦略産業の育成、農林漁業・農山漁村の活性化を進めようとしている。

　このような日本における木質バイオマスをはじめとするバイオマスエネルギーの取り組みに対し、EUは、1997年に「再生可能なエネルギー資源―コミュニティ戦略に関する白書と行動計画」と題する計画を発表している。この行動計画では2010年までに自然エネルギーの利用を、現状の2倍に増やすとした目標を掲げている。特にバイオマスを使ったコジェネレーションは、あらゆる再生可能エネルギーのなかでも最も大きな可能性を秘めるものとして、2010年までに3倍の増加を目標に取り組んでいる。

　また、アメリカでは1999年に「バイオ製品とバイオエネルギーの開発および促進」についての大統領令が公布されている。この大統領令では、バイオ製品とバイオエネルギーの国内市場、国際市場におけるコスト競争力を高めるべく、諸技術の創造と早期の適応を促進するため、研究、開発、民間部門へのインセンティブに関して、包括的な国家戦略を策定することを政策目標に置き、具体的な数値目標として2010年までにバイオマス製品とバイオマスエネルギー

の利用量を3倍にすることをあげている。

このように、早くからバイオマスエネルギーを国家戦略として位置づけている欧米において、先進的な取り組みがなされ成果をあげている。それにたいし、国家戦略としてようやく動き出した日本の木質バイオマスエネルギー政策は、実際に取り組みを進める中山間地域においては、期待と不安の入り混じる未知の取り組みだと受け止められているのが現状であろう。

2.2 上勝町における木質バイオマスの取り組み

上勝町は総面積109.68km^{2}のうち山林が93.75km^{2}と85.5%を占めており、豊富な森林資源は木質バイオマスエネルギーを創出することに適しているといえる。

上勝町の森林の蓄財量は225万 m^3、年間成長量は5.2万 m^{3}であり、そのうち人工林の蓄財量は201万 m^3、年間成長量は4.6万 m^{3}となっている。販売実績は、1999〜2001年での年間平均で1,799m^{3}である。一般的に伐採された樹木の全体積のうち、丸太として搬出される部分は60%であることから、残りの40%に相当する枝条等は約1,200m^{3}にのぼり、そのほとんどは林地内や土場周辺に放置されているものと推定される。また、先の人工林における年間成長量4.6万 m^{3}のうち、約3.6%しか伐採されておらず、さらにそのうち40%（年間成長量の1.4%）は全く資源として利用されていないという状況であった。この間伐および製材等により発生する未利用木材や端材等を原料にすることは、林業および製材業の支援にもつながり産業振興の一助となる可能性を持つものである[4]。また、ゼロ・ウェイスト宣言を広義の意味に解釈すると、大気中に放出される地球温暖化ガスの抑制、削減も含まれることから、化石燃料の使用削減と森林資源の有効活用という環境と経済の両立は町にとっての大きな課題であった。

しかし、笠松和市町長は、当初この木質バイオマスの取り組みには消極的であった[5]。その大きな要因は、原料となるチップが化石燃料と比較しても妥当

な価格で、安定した量を確保できるシステムを構築することが難しいということであった。

このことから、町では、「上勝町バイオマス利用促進協議会」を設立し、木質バイオマスの導入の可能性を慎重に検討した。協議会は徳島大学大学院工学研究科エコシステム工学の上月康則助教授を委員長に12名の委員で構成され、森林における木質バイオマス腑存量の調査、間伐材等調達コストの検討、チップの単価調査およびシュミレーションモデルの作成などを主な活動内容としていた。

加えて、町は、2004年3月に「木質バイオマスエネルギー利用事業可能性調査報告書」を作成し、木質バイオマスエネルギーの利用事業における実現の可能性について検討を重ねている。この報告書によると、エネルギーの供給先については、第3セクター株式会社かみかついっきゅうが経営する月ヶ谷温泉保養センターと、椎茸栽培温室を候補にあげて導入の前提条件、導入の評価を行っている。

報告書によると、月ヶ谷温泉保養センターには年間でA重油210,063ℓ、椎茸栽培温室には年間で灯油285,690ℓが必要である。これを木質バイオマス燃料に換算すると、両施設の合計で約1,450tのチップが必要となる（表4-1、4-2）。

同報告書では、上勝町で伐採される木材のうち、端材は年間約360t、間伐材は年間約480tと推定され[6]、利用できる木質バイオマス燃料は約840tと考えられる。これでは、月ヶ谷温泉保養センターか椎茸栽培温室のどちらか一方にしか燃料を供給することはできない。加えて、椎茸栽培温室への狭い導入道路では、チップの輸送効率が悪いため、ペレットを燃料とするボイラーの導入を検討したが、燃料コストの高いペレットでは採算性に問題があった。このことから、チップボイラーを採用し、供給先を月ヶ谷温泉保養センターとして事業を実施することになった。

月ヶ谷温泉保養センターに設置されたチップボイラー施設は、オーストリア

表4-1 バイオマスエネルギー供給候補施設における化石燃料の年間必要量

(単位：ℓ)

	灯 油	A重油	備　　考
月ヶ谷温泉保養センター		210,063	宿泊施設増設後の予定消費量
椎茸栽培温室	285,690		現状消費量

出所：木質バイオマスエネルギー利用事業可能性調査報告書より作成。

表4-2 木質バイオマス燃料の年間生産計画量

	年間必要発熱量（kcal）	チップ換算（kg）
月ヶ谷温泉保養センター	1,953,585,900	630,189
椎茸栽培温室	2,542,641,000	820,207
合　　計	4,496,226,900	1,450,396

＊重量は絶幹状態を示す。
出所：木質バイオマスエネルギー利用事業可能性調査報告書より作成。

のPOLYTECHNIK社製の製品を使用しており、2005年度に250kWのボイラー1基を設置し運転を開始するとともに（写真4-1）、翌年度には、同社製品の500kWのチップボイラーを同地敷地内に設置した。

　この事業は、環境省の「環境と経済の好循環のまちモデル事業」に選ばれ、事業による国の補助金と起債、町の一般財源により施設が建設されている。施設は、24時間稼動で自動運転となっているが、チップボイラーには発電設備はなく、ボイラーで温められた温水と温泉（冷泉）が熱交換され温められるという方式を採用している。発電設備を設置しなかったのは、チップボイラーの施設そのものが比較的小さいためで、ランニングコストを考慮しての判断である[7]。現在、チップボイラーの燃料となるチップは、徳島市内の業者より購入しているが、2006年度より株式会社もくさんにより、チップの調達、製造と供給を行うことで準備を進めている。

　木質バイオマスエネルギーのシステムの枠組みは図4-1に示される。町は、主に事業企画と需要・供給事業者に設備面における支援を行う。供給事業者は、需要事業者にたいし燃料となるチップを販売する。この時、チップ単価は

第4章 ゼロ・ウェイストを通じた地域資源の活用と創造　79

写真 4 - 1　チップボイラー（写真左）とチップ貯蔵庫（写真右）

（著者撮影）

図 4 - 1　木質バイオマスエネルギーシステムの枠組み

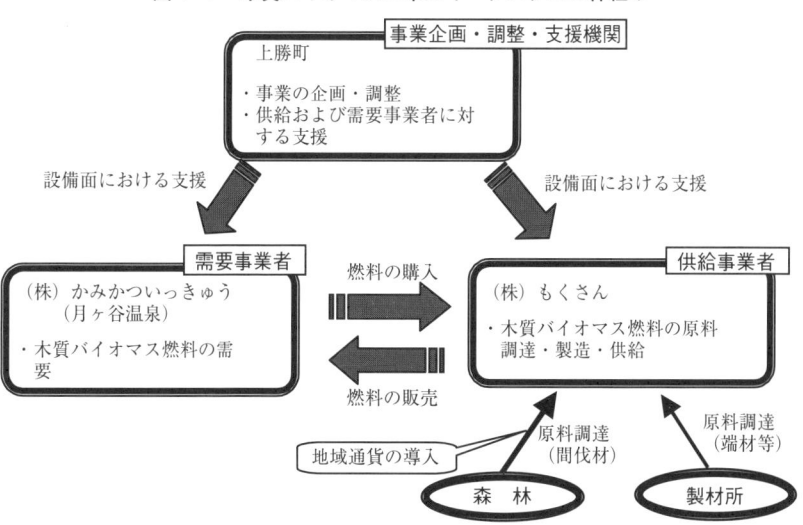

出所：木質バイオマスエネルギー利用事業可能性調査報告書より作成。

燃料となる重油の単価より安くなることが前提条件であり、需要事業者は重油換算金額でチップを買い取ることで、差額の費用を森林保全費用として活用できないか模索しているところである[8]。また、チップ単価を安くするためには、チップの原料となる端材や間伐材などの原料の調達コストをできる限り削減する必要がある。この点においては、次節で述べる地域通貨を利用した原料

調達の取り組みを検討している。供給事業者は、民間の活力を積極的に導入する目的で事業者の公募を行った。その結果、株式会社もくさんが供給事業者となり、木質バイオマスの調達、製造と需要事業者に供給する役割を担うこととなった。

2.3 上勝町における木質バイオマスシステムの今後の課題

同調査報告書によると、木質バイオマス利用事業を採用した場合に想定される課題について以下の4点をあげている。
(1) 間伐材の効率的な調達
(2) 保管場所の確保
(3) 廃棄物処理の解決
(4) 初期投資の問題

(1)に関しては、チップの単価を安くするためには、間伐材の搬出コストをいかに抑えるかが重要なポイントとなる。当面のチップ原料については、町近隣にあるダムの流木を処理する必要があり、この流木をチップ化するとしている。しかし、森林保護や森林育成という観点では、間伐材の放置は大きな問題であることから、この点を十分考慮したシステムの構築が求められる。

(2)の保管場所も重要な課題であろう。現状のチップ貯蔵庫は、小規模であり大量のチップを保管しておくことは難しい。この点は、需要事業者と供給事業者との相互連携により、計画的かつ効率的にチップが供給されるよう製造段階での配慮が求められる。

(3)に関しては、現段階では廃棄物となった灰は良質なものであり、肥料として町民が利用している。灰処理については当初予想されていたほど深刻な問題にならないのではないかと思われる。

(4)における施設の初期投資費用に関しては、他の木質バイオマスの事例をみても高額な初期投資費用が問題となっているところが少なくない。しかし、木質バイオマスの導入による二酸化炭素（CO_2）の発生抑制や環境に配慮した町

としての付加価値の向上など、町が受ける便益は負担した費用以上のものがあると思われる。そのことから、負担した費用に見合う便益が得られるように、この取り組みをさらに広げる政策の組み合わせが求められる。

木質バイオマスの利用は、利用だけが目的ではない。この事業が二酸化炭素の発生抑制という地球温暖化対策であるとともに、林業の再生の足がかりとなるべき事業である。その意味においては、木質バイオマスの取り組みの成果が問われるのは、まだまだ先のことであるといえよう。

3　地域通貨の取り組み

2.1　導入の背景と地域通貨の仕組み

先に述べたように、上勝町では、月ヶ谷温泉保養センターの給湯・温泉加温ための燃料を従来の化石燃料から木質バイオマスを活用することにより、二酸化炭素（CO_2）の排出抑制による地球温暖化の防止と森林保全をめざした取り組みを進めている。

この燃料となるチップの原料は、森林の間伐材や製材所から出る端材、河川における流木などの未利用木質資源などを想定しているが、森林の間伐材などは切り出しと輸送にコストがかかる。このことから、従来から維持されているコミュニティ力をいかし、コストの問題を解決するとともに、地球温暖化防止の取り組みを住民にも広げ、地域経済の活性化と森林保全を同時に進める目的で地域通貨の取り組みが検討されている。

そもそも地域通貨とは、中央銀行が発行する法定通貨に対し、限定された狭い範囲で通用する貨幣であり、市民の手で作り出すことのできる通貨である。また、地域通貨は、モノやサービスの価格を決める価値の尺度標準と、それらを提供したり受けたりする交換手段としての機能に特化したものである。加えて、ゼロ利子の貨幣にすることで価値の貯蔵手段や投機の手段としての機能を抑制するとともに、時間とともにお金の価値を劣化させるシステムをつくるこ

とで、持っていても増えないことから、地域のなかで活発に交換され地域経済によい影響をもたらすものである[9]。

ふぎん地域経済研究所によると、地域通貨には、大きくわけて「エコマネー」とその他の型にわけることができる。「エコマネー」とは、1997年に経済産業省(現中小企業基盤整備機構)の加藤敏春が提唱した地域通貨で、人と人との交流を促進し、信頼関係でつながった新しい地域コミュニティを形成するということを目的にしたものであり、加藤はこのエコマネーを「あたたかいお金」と形容している[10]。

エコマネーと他の地域通貨の相違点に関しては(これ以下については、両者を区別するためにその他の地域通貨を「地域通貨」とし、エコマネーと地域通貨を区別して述べることにする)、まず、地域通貨は取引対象を特に限定していないのにたいし、エコマネーでは取引対象を法定通貨の取引になじみにくい、コミュニティにおける非市場的な取引に限定していることがあげられる。エコマネーが、環境、福祉、教育、文化などボランティア・サービス、コミュニティ・サービスを貨幣化する、いわゆるボランティア経済における「貨幣」であるといえる。

また、地域通貨では法定通貨と交換ができるタイプもあるが、エコマネーは法定通貨との交換を一切行わない。また、エコマネーでは、各メンバーのエコマネー残高が一定期間経過後には振り出しに戻ることにより、損得からの流通ではなく、使い手の間に信頼関係が築かれていることを前提に流通するものであることなどが相違点としてあげられる。

上勝町における地域通貨は、森林の間伐材などを拾い集めて木質バイオマスの燃料とし、その結果として二酸化炭素の排出抑制につながることから、環境保全ボランティア・サービスを貨幣化するものあり、法定通貨との交換もできないことなどからエコマネーに分類されると考えられる[11]。

加藤が設立したエコミュニティ・ネットワークのホームページによると[12]、エコマネーのタイプとしては大きく分けて2つのタイプがあるとしている(表

表4-3　エコマネーの種類

種類	エコマネー・ポイント	エコマネー、ふれあい切符など
活動	環境、福祉・ボランティアなどの行為を行った人にポイントを発行し、一定程度のコミュニティサービスに交換できるようにする。	各種のコミュニティ活動を交換し（＝相互扶助）、エコマネーを循環させる。

出所：エコミュニティ・ネットワークホームページより一部抜粋。

4-3）。

「エコマネー、ふれあい切符など」は、ボランティア経済に属する各種のコミュニティ活動を交換して、住民の相互交流を促進し信頼社会を形成するということにつながるものである。また、「エコマネー・ポイント」は、例えば、スーパーなどで、買い物袋を持参してレジ袋を使わなかった際にポイント付与するものである[13]。

上勝町の場合では、「上勝町　ゼロ・ウェイストカード」（写真4-2）というカードにボランティアの程度によりポイントがたまるシステムを検討しており、地域通貨の実験では、100ポイントがたまれば、1,000円分の利用券として月ヶ谷温泉保養センターで利用可能というエコマネー・ポイント方式を採用している。

写真4-2　上勝町　ゼロ・ウェイストカード

（著者撮影）

3.2 地域通貨実験の概要と今後の課題

先のエコマネーの本格的な導入に先駆け、「地域通貨実験」を2005年の2月に実施している。実験の概要は以下のとおりである。

(1) 実施日

2005年2月5日、6日、12日、13日、19日、20日、26日、27日。受付時間は午前9時から午後3時まで。

(2) 参加者・参加方式

最大口径15cm・長さ2m以内の間伐材・未利用材等の木材[14]を介護予防活動センターひだまりまで持ち込むとし、実験につき1人あたりの1日の持ち込みは軽トラック1車分（400kg程度）以内に限定するとした。また、この持ち込み規定に該当すれば、町内外、年齢、性別を問わず誰でも参加できるとしている。

(3) 支払い・利用

持ち込み木材（生木・乾燥木）2kg当たり1ポイントを支払うとし、100ポイントたまれば、1,000円分の利用券として月ヶ谷温泉保養センターで利用できるとした。上勝町では、月ヶ谷温泉保養センターの施設を利用することで、それに伴う副次的な利益にも期待している。

また、町内の小・中学校の児童・生徒にたいして、「ゼロ・ウェイスト・スクール　ほん木でやる木のバイオマス　上手に木を集めてポイントをためよう！」というイベントを地域通貨実験の実施日であった2月26日に、徳島中央森林組合上勝支所において実施した。町内の林業関係者を講師に、間伐の現場で、安全な木材の集め方やチップ製造等について児童・生徒と保護者が一緒になって体験する内容で、当日集めた木材はポイントとしてカードに記入され、集めた量に応じて月ヶ谷温泉保養センターで利用できるものであった。これらの実験では、ポイントの還元率が高かったこともあり、多くの木材が集まり実験は一定の成果をあげた。しかし、この還元率では、コストの問題を解決することが難しく、本格導入に向けポイントの還元率の検討を行う必要がある。

さらに、翌年に実施された「地域通貨実験[15]」では、持ち込み木材1kg当たり1ポイントとし、500ポイントで500円、1,000ポイントで1,000円の上勝町商工会商品券と引き換え、ゼロ・ウェイストマークのある町内の商店で金券として利用可能とした。対象となる商店は30店舗以上あり利用度はかなり高いようである。

この実験を通じて、ゼロ・ウェイストカードを地域経済の活性化につなげる方策を模索しているように感じられる。しかし、加藤は、エコマネーと貨幣経済の関係について一定の距離を確保し、取得したエコマネーで、直接に市場取引から財やサービスを購入できるようにすることは差し控えるべきであるとしている。高齢化率が非常に高く、人口が減少している上勝町にとっては、このエコマネーが環境面だけでなく、介護サービスの提供や教育・文化サービスの提供など多様な価値をコミュニティに付与する手段として発展させていくとの狙いも持っている。

その際に、重要になるのが価格決定の問題である。貨幣経済においては、モノの価格は市場で決まり、その価格を受け入れることになるのであるが、エコマネーでは、サービスを提供する当事者の「思いやり」や「自由な意思」から生まれるものであり、そのかたちも千差万別である。その意味においては、価格決定は両当事者の自由な意思によるのが望ましい。

しかし、上勝町の場合には、木質バイオマスの燃料コストの削減という確固たる目的があるため、木質バイオマスの燃料となる持ち込み木材の重さにたいするポイントの付与が、一定の財やサービス購入の基準となると思われる。価格決定を一律に行うのか、一定の幅を持たせるのか。この点はエコマネーの「信頼」に関わる重要な問題であるといえる。

上勝町における地域通貨の導入は、エコマネー本来の機能である、コミュニティの再生・形成力については、本来あるべきコミュニティが維持されていることから、導入に際する諸条件は非常に整っているといえる。今後は、ゼロ・ウェイストカードを、従来の地域通貨の役割とエコマネーの役割の両方を持た

せるように、どのように価格設定を柔軟にできる仕組みを付与していくかが課題であるといえよう。

4 「日本で最も美しい村」連合

　ゼロ・ウェイスト政策に取り組んで、わが国における自治体のごみゼロ活動の先導的役割を果たしている上勝町は、新たな展開を始めようとしている。それは「日本で最も美しい村（the most beautiful villages in Japan）」連合としての取り組みである。

　「日本で最も美しい村」連合は、地域資源の保護と地域経済の発展に寄与することを目的として2005年10月4日に設立されたNPO法人である。現在、美瑛町（北海道）、赤井川村（北海道）、大蔵村（山形県）、白川村（岐阜県）、大鹿村（長野県）、南小国町（熊本県）そして上勝町を加えた国内の7つの町村で構成されている[16]。

4.1 設立の背景

　「日本で最も美しい村」連合の設立の背景には「フランスで最も美しい村」の運動がある。フランスには、歴史に名を残した村や歴史的財産、従来の生活様式などを守ってきた村、田園風景が広がる美しい農村が各地方に点在している。しかし、そのフランスでも現在の日本の状況と同様、過疎化や高齢化が急速に進展し、その保全が課題となっていた。

　成熟社会に入って久しい欧米においては、「ネオ・ルーラリズム[17]」の潮流のもと、美しい田園でのグリーンライフ・ウェーブが続いている。1980年代前半の米国における「田園ルネサンス」、後半からの欧州における「帰郷」が息の長い田園ブームをつくりだし、1990年代にはいると高学歴者に多かったライフスタイルの自然志向のみならず「時代の趨勢」となった。現代においてはニースやカンヌなどの海浜リゾート都市は閑散とし、過疎地プロヴァンスの田

園がにぎわいを見せている。

　このような時代背景のもとで1982年に64の村により「フランスで最も美しい村連合」が設立された[18]。正式名称は「L'Association Les Plus Beaux Villages de France」である。創設の由来は、1981年にフランス・コレーズ県のコランジュ・ラ・ルージュ（Collongas La Rouge）村のCharles Ceyracのアイデアにある。それは過疎化や高齢化が急速に進展し風化してしまいそうな美しい村を保全するためのものであった。

　この組織は、過疎化に悩まされている村の実態を国民に広く理解してもらい、フランスの美しい村々の保護と経済的、社会的発展のための研究を通じてそのノウハウを共有化するとともに、観光的、建築的、文化的に重要な財産としての村の価値を高めるという目的を持っている。

　この目的を達成するためには、「フランスで最も美しい村」というブランドとネットワークの信頼性を創出する必要がある。具体的取り組みとして、機関誌の定期購読者を増やすとともに、加盟者あるいは潜在的顧客に対して、資料配布やイベントなどの各種サービスを提供するなど知名度アップ、集客向上をめざしたプロモーションやコミュニケーション活動を展開している。

　この組織に加盟するためには、いくつかの条件を満たさなければならない。それは、村の人口が2,000人を超えないこと、および風光明媚な場所や歴史的建築物が最低2つあることとされている[19]。加盟を希望する村は、村議会の議決書と国勢調査による村の人口、歴史的建築物等の目録や状況を添付して申請する。申請を受けた組織の事務局は「村の質」委員会に鑑定を依頼する。同委員会は、村における歴史的財産の信憑性とその価値、都市計画や建築学的観点からの村の質などの審査項目について厳格な審査を行う[20]。このような審査制度のもとで、「フランスで最も美しい村」の社会的信頼性が確保されている。また、支援企業[21]は事務局の活動を支える。企業の社会的責任（CSR）が求められる現代社会にあっては、「フランスで最も美しい村」連合への支援は企業イメージを高めるものとなっている。

「フランスで最も美しい村」はフランス国外にも波及し、1995年には「ヨーロッパで最も美しい村」連合が発足しベルギーとイタリアが加わった。

4.2 経緯と現状

2003年5月に「世界で最も美しい村国際連合（International Association of the Most Beautiful Village of the world）」の第1回総会がフランスで開催され、フランス、ベルギー、イタリア、ドイツ、オーストラリアの加盟と共に、カナダと日本の条件つき加盟が認められた[22]。日本において設立のきっかけを与えたのは、松尾雅彦カルビー株式会社相談役である。同年1月に北海道美瑛町役場政策調整室職員が視察のために訪欧し、5月に浜田哲町長が自ら「世界で最も美しい村国際連合」総会に出席した。9月に町長は、国際連合会議に職員を再度派遣し、日本における連合の設立を決意した。

美瑛町は、全国市町村のなかで景観条例を制定し、または特区で農業振興を進めている自治体を選び、連合加入への勧誘活動を行った。その結果、美瑛町を含め先に示した7つの町村が集まり、北海道に営業基盤を置く食品スーパーを中心とした流通企業グループである民間企業の株式会社アークス、業務用寒天のトップシェアを誇る国内最大手メーカーの伊那食品工業株式会社、およびカルビー株式会社の3社が活動を支援することになった。その後、支援企業は増え、現在では20社を超える企業が活動を支えている。

「日本で最も美しい村」連合は、フランスを模範として発足した。しかし、加盟条件は、国土面積に占める農用地面積の割合、基礎自治体あたりの人口規模の相違により、そのまま運用することができなかった。具体的には、日本では国土面積に占める農用地面積の割合が12%であるのに対して、フランスでは53%である。このことは、フランスでは、広い農地を有する農村数が多いことを示している。また、基礎自治体数あたりの人口数をみると、日本が35,346人で1,000人未満の自治体が37であるのに対して、フランスでは人口数が1,580人であり、自治体（commune）数が28,183である[23]。

そこで、「日本で最も美しい村」連合に加盟する村の条件は次に示すとおりとなった[24]。

(1) 人口が概ね1万人以下の自治体であること。
(2) 人口密度が1km²当たり50人以下であること。
(3) 次のような地域資源が2つ以上あること。

　　景観 ── 生活の営みにより作られた景観
　　環境 ── 豊かな自然や自然を活かした町や村の環境
　　文化 ── 昔ながらの祭りや郷土文化、建築物など
(4) 連合が評価する地域資源を活かす次のような活動があること。

　　美しい景観に配慮したまちづくりを行っている。
　　住民による工夫した地域活動を行っている。
　　地域特有の工芸品や生活様式を頑なに守っているなど。

組織の活動は、ロゴマーク入り商品の販売・開発、サポーター会員制度の推進、企業とのタイアップによるイベントや広報活動の展開などである。これらの活動を通じて、町や村の現状について多くの国民に理解を求め、その地域にしかない貴重な財産を後世に引き継ぐ必要性を広く訴えるとともに、地域の魅力を発信し、交流人口の増加による地域経済の発展につなげていくことをめざしている。

なお、事務局は美瑛町に置かれ、名称の使用権の管理や加入団体間相互の経験や研究を共有しあう場所の提供など、組織運営をサポートする役目を果たしている。

4.3　「日本で最も美しい村」としての上勝町

「日本で最も美しい村」としての上勝町（写真4-3）のイメージを笠松和市町長は次のように表現している[25]。

『いっきゅうと彩の里は、一年中、日本の料理を彩る町。春は梅、桃、桜が爛漫に、夏は鮎とあめごの両女王が渓流を賑わせ、秋の殿川内渓谷は紅葉で名

写真 4 - 3 「日本で最も美しい村」連合のポスター

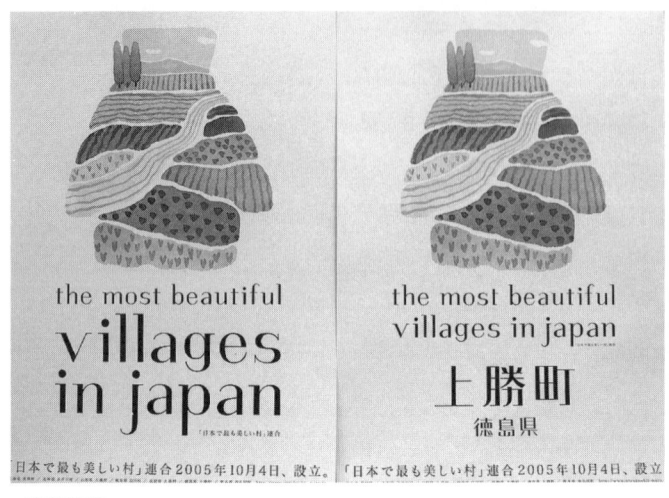

（著者撮影）

写真 4 - 4　樫原の棚田

（著者撮影）

高い。また、等高線を描く樫原の棚田は絶景。古き良き日本の風景と極上の湯を、心身のすべてで満喫する。』

　実際に、上勝町をめざして車を走らせると、その地形は標高約100mから約1,400mと落差が大きく急峻で、複雑な褶曲に富んだ地形に勝浦川支流の幾つかの渓谷があり、その流域に耕地が階段状に点在し、集落もその周辺に散在しているのがわかる。階段状の耕地は1区画当たりの面積が小さい棚田を形成して、「樫原の棚田」は、「全国棚田百選」にも選ばれた（写真 4 - 4 ）。

しかし、絶景を醸し出すこのような棚田も、耕作が放棄されてしまえば荒れ野になる。上勝町の就業構造を見ると、産業別就業人口における41.6％（486人）が第1次産業に従事し、農家率が51.8％と高いことからも、古き良き農村風景が残されていることが理解できる。しかしその反面、農家高齢者率（65歳以上）は40.3％と極めて高く、農家人口が過去5年間で13.7％（214人）も減少し、耕作放棄地面積も2倍にも増えて20haにも及んでいる現状がある[26]。

こうした現状に対応するため上勝町は、Ｉターン者や都市部住民を対象に地元の農家が田や畑を年間契約で貸し出しする「樫原の棚田のオーナー制度」を設け、棚田の保全と地域の活性化への取り組みを進めている[27]。

また、日本の料理を彩る町としての「彩（いろどり）産業」は、上勝町がつくりだした新しい産業概念である。紅葉、柿、南天、椿の葉っぱや梅、桜、桃の花などで、料理のつま物にする材料として商品化したものであり、一年中野山にあるシャガを舟、樽、鶴等に加工し"翠"として、野草のなかで食べられる物を"幸"として出荷し高く評価されている。

このように、「景観、環境、文化としての地域資源を守るとはどういうことなのか。」という問いの答えを上勝町はわたしたちに明示しているように思われる。地域資源を守るのは、地域活力を再生しなければならない。つまり、環境と経済とは相反するものではなく両立するものであるということである。「木質バイオマス」そして「地域通貨」の取り組みもこの考え方により、結果として地域資源の活用と創造につながっている。「小さくて、最も輝くオンリーワンをめざす。」上勝町におけるさまざまな取り組みは、この目的に向かって着実に進んでいるといえよう。

5　おわりに

「ゼロ・ウェイスト」政策とその展開は、日本においては環境問題と地域社会の持続可能性の問題を解決するために、必ずしも一般的な政策として理解さ

れているわけではない[28]。しかしながら、環境問題を「ムダ」あるいは「ゴミ」の問題として、言葉を換えていえば、経済活動にともなう社会的機会費用として、したがって経済的価値をともなうものとしてとらえ直すところに特徴がある。「ごみを焼かない、埋め立てない」をめざした取り組みは、上勝町の地域資源にさらに付加価値をつけ、結果として上勝町自体の経済的価値をさらに高めることにつながった。

　いうまでもなく資源は有限であり、希少である。そこには機会費用が発生している。日常ではこの機会費用を意識しない、あるいはゼロとみなす。また、経済循環はオープンであるため、希少資源という制約自体もない。地域資源を活用あるいは創造することも資源制約から自由ではない。日本の各地で、この呪縛からいくらかでも解放されようと、また地域コミュニティの持続可能性を求めて実験と模索が続けられている。しかしながら、残念なことにその実験と模索は、必ずしもネットワークとして十分に展開されていないようである。ランダムであり、スモールワールドのままである。循環型地域社会形成の上勝方式を環境型のスモールワールドと考えるならば、残された課題は環境情報と環境経済についてネットワークを構築し展開することであろう。

　＊　本章は、寺本博美・若山幸則・鈴木章文・濱口高志・大谷健太郎（2006）「循環型社会の形成と「ゼロ・ウェイスト」政策の展開」『三重中京大学地域社会研究所報』第18号、pp.105-127に加筆修正を加えたものである。

注
1）上勝町は、環境省による「環境と経済の好循環のまちモデル事業」の対象地域に選定されている。
2）山本他（2005）は、「人間社会とは、およそ出来合いの答えのない世界である。出来合いの答えのない世界では、「理論」と「実験」との往復から学び取るしかない」という考えのもと、物質的資源・人間関係の両面で「環境」を創造する通貨、すなわち「環境創造通貨」産み出し、実験中である。
3）詳しくは、原後・泊（2002）、熊崎（2000）を参照。
4）「木質バイオマスエネルギー利用事業可能性調査」のデータを基に計算した。
5）現地聞き取り調査による。

6）「480t」の値は、放置される間伐材1,200m³×杉の比重0.4から計算した。
7）聞き取り調査による。
8）聞き取り調査による。
9）詳しくは、ふぎん地域経済研究所（2003）、森野・あべ・泉（2000）を参照。
10）詳しくは、加藤（2000, 2001）、加藤・くりやまエコマネー研究会（2000）を参照。
11）上勝町においては、地域通貨とエコマネーを混同して使用しており、エコマネーにたいする明確な意味づけは行っていないものと思われる。
12）http://www.ecommunity.or.jp/index.html
13）例えば、栗山町の場合では、5ポイント貯まると500エコマネー（クリン）に交換できる。500（クリン）というのは「30分」分のサービスを他の人から受けられる価値に相当する。詳しくは、くりやまコミュニティネットワークホームページを参照。
14）塗装や含浸など不純物を含まない木材にかぎるとし、木の種類は問わず、廃棄物にあたるものについては、取り扱いできないとした。
15）期間は、2006年7月1日より9月30日までの3ヶ月間であり、受け入れ時間は、毎週火、木、土曜日（祝日除く）の午前9時から午後4時までとした。
16）2006年10月に木曽町開田高原（長野県）、高原町（宮崎県）が新たに加わった。
17）田舎暮らし志向、または新田園主義と総称される。
18）この運動は次第に拡大し2005年現在では149村が加盟し、最終的に250村の加盟をめざしている。
19）会員には、正会員と一般会員があり、さらに正会員には①認定された村、②創立当初からの村、③趣旨に賛同し技術的アドバイスや資金援助をする全国規模あるいは国際規模の企業という3つのカテゴリーからなる。
20）「村の質」委員会は、既に加盟している村を除名する権利も有する。
21）例えば、フランス電力などがあげられる。
22）日本に課せられた条件は、事務局機能の充実と、国際水準の審査基準を満たす幾つかの村と事業支援をする企業を見つけ出すことであった。
23）データは1990年のものである。竹下他（2002）を参照されたい。
24）今後、約30の自治体の参加を見込んでいるとのことである。
25）「日本で最も美しい村」連合ホームページより。
26）徳島県上勝町産業課（2005）「いっきゅうと彩の里・かみかつ」、pp. 8-9による。数値は2000年度のものである。
27）「樫原の棚田のオーナー制度」は、「構造改革特区上勝町まるごとエコツー特区」のひとつで、2005年4月現在15組のグループが田や畑を借りている。
28）この点については、若山（2005）を参照されたい。

【引用文献】
Barabasi, Albert-Laszio（2002）*LINKED: The New Science of Networks.*（青木薫訳『新

ネットワーク思考―世界のしくみを読み解く』NHK出版、2002年。）
ぶぎん地域経済研究所（2003）『やってみよう！地域通貨』学陽書房。
原後雄太・泊みゆき（2002）『バイオマス産業社会―「生物資源（バイオマス）」利用の基礎知識』築地書館。
加藤敏春（2000）『エコマネーの世界が始まる』講談社。
加藤敏春（2001）『エコマネーの新世紀"進化"する21世紀の経済と社会』勁草書房。
加藤敏春・くりやまエコマネー研究会（2001）『あたたかいお金『エコマネー』―Q&Aでわかるエコマネーの使い方』日本教文社。
熊崎実（2000）『木質バイオマス発電への期待』全国林業改良普及協会。
森野栄一・あべよしひろ・泉留維（2000）『だれでもわかる地域通貨　未来をひらく希望のお金』北斗出版。
Murray, R.（2002）*Zero Waste*, Greenpeace Environmental Trust.（グリンピース・ジャパン訳『ゴミポリシー』築地書館、2003年。）
日本で最も美しい村連合（2005）『連合規約・協定書』。
Poter, R. C.（2002）*The Economics of Waste*, RFF Press.（石川雅紀・武内憲司訳『入門廃棄物の経済学』東洋経済新報社、2005年。）
佐藤誠（2005）「「日本で最も美しい村連合」結成へ」『新しい農村計画』（財）農村開発企画委員会、pp. 13-24。
竹下譲・横田光雄・稲沢克祐・松井真理子（2002）『イギリスの政治行政システム　サッチャー、メジャー、ブレア政権の行財政改革』ぎょうせい。
寺本博美・若山幸則・鈴木章文・濱口高志・大谷健太郎（2005）「循環型地域社会の政策デザイン―徳島県勝浦郡上勝町における「ゼロ・ウェイスト」政策の展開―」『松阪大学地域社会研究所報』第17号、pp. 41-63。
徳島県上勝町（2004）『木質バイオマスエネルギー利用事業可能性調査』。
徳島県上勝町（2005）『二酸化炭素排出抑制の取り組み』。
徳島県上勝町（2004）『バイオマス活用によるエコバレー計画（地域再生計画）』。
徳島県上勝町産業課（2005）『いっきゅうと彩の里・かみかつ』。
山本孝則・嵯峨生馬・貫隆夫（2005）『環境創造通貨―社会形成型地域通貨が開く＜持続的循環＞の世界』日本経済評論社。
若山幸則（2005）「循環型社会の実現に向けた自治体ごみ処理政策の新たなる展開―「ゼロ・ウェイスト政策」の可能性―」『松阪大学紀要』第23巻、第1号、pp. 37-56。
Watts, D. J.（2003）*Six Degrees: The Science of a Connected Age*.（辻龍平・友知政樹訳『スモールワールド・ネットワーク　世界を知るための新科学的思考法』阪急コミュニケーションズ、2004年。）

【参考サイト】＊
エコミュニティ・ネットワーク　http://www.ecommunity.or.jp/index.html
上勝町　http://www.kamikatsu.jp/

「日本で最も美しい村」連合　http://www.utsukushii-mura.jp/
L'Association Les Plus Beaux Villages de France HP　http://www.villagesweb.com/divers/selecbeaux.htm
首相官邸ホームページ、地域再生本部　http://www.kantei.go.jp/jp/singi/tiikisaisei/index.html
月ヶ谷温泉　月の宿　http://www.kamikatsu.co.jp/

＊2006年8月28日現在

第5章　ゼロ・ウェイスト政策の最近の動向と今後の方向性

若　山　幸　則

1　はじめに

　「最適生産・最適消費・最小廃棄」をめざした資源循環型社会の構築が叫ばれて久しい。排出者責任、拡大生産者責任または環境保全における企業の社会的責任など、廃棄物処理をめぐる考え方も以前と比べ、市民、市民団体や事業者が主体的な役割を果たすことを求められる時代になりつつある。

　しかし、ガス化溶融炉などのごみ処理技術の高度化、規模の経済性を求めたごみの広域処理、また、これらの焼却施設の建設とともに、新たな最終処分場の確保に要する多額の処理費用問題等、自治体が抱えるごみ処理政策に関する課題は減るどころか増える様相を呈している。加えて、国の政策も高度化、広域化を誘導するものであり、結果として自治体に過度のごみ処理費用を課すものであるように思われる。

　このような現状の中、徳島県上勝町は、2003年9月19日に「上勝町ゼロ・ウェイスト宣言」並びに「上勝町ごみゼロ（ゼロ・ウェイスト）行動宣言」を掲げ、2020年までにごみの焼却処理および埋め立て処理の全廃をめざす取り組みを進めていることは第3章で述べたとおりである。

　しかし、上勝町以降ゼロ・ウェイスト宣言を行い、「脱焼却」「脱埋立」の目標を掲げる自治体は表立ってないように見受けられる。一方で、市民団体やコミュニティ単位により、新たなゼロ・ウェイストの動きがあることも注目され

るところである。

　そこで、本章では上勝町におけるゼロ・ウェイスト宣言以降、自治体におけるゼロ・ウェイスト政策に関連した事例として、三重県が2005年3月に策定した「ごみゼロ社会実現プラン」、そして榛原町議会が提言した「ごみゼロをめざした町づくりに関する提言書」に関する静岡県榛原町（現牧之原市）の事例を紹介するとともに、自治体主導ではない新たなゼロ・ウェイストの動きとして、石川県七尾市の一本杉通り商店街そして東京都町田市の町田発・ゼロ・ウェイスト宣言の会の事例を通じて、ゼロ・ウェイスト政策の今後の方向性について考察を試みたい。

2　自治体におけるゼロ・ウェイスト政策に関する動き

2.1　三重県における「ごみゼロ社会実現プラン」

　三重県に関するごみ処理政策において忘れてならないのは、2003年8月14日と19日に発生し合計7名の死傷者をだす大惨事となった、三重県企業庁の管理するRDF発電所（三重県多度町）における「燃料貯蔵タンク爆発事故」である。「RDF（Refuse Derived Fuel）発電」とは、可燃性廃棄物を主原料として破砕・選別後に圧縮し、成型し、減容して燃料化したRDFを燃料として発電を行う。RDFは貯蔵、運搬が容易であることから、広域処理がしやすく大型プラントでの一括処理ができるとの利点があげられてきたが、先の事故以降、RDF関係施設の稼動について改めてその危険性が指摘されている[1]。

　この事故を教訓に、ごみ処理政策の重点を「どのように処理するか」から「出さない」方向へと転換し、「最適生産・最適消費・廃棄物ゼロ」を基調とした持続可能な資源循環型社会の構築をめざし、県民、事業者、市町村との協働のもとに「ごみゼロ社会」実現に向けた、長期的なビジョンを示すことになったのである。

　ごみゼロ社会実現プランは、三重県において「ごみゼロ社会」を実現するた

第5章 ゼロ・ウェイスト政策の最近の動向と今後の方向性　99

め、概ね20年先の将来を見据えて、住民、事業者、行政など地域の各主体が、自らの行動の変革に継続的に取り組むべく、めざすべき具体的な将来像とその達成に向けた道筋を示す長期の計画である。ごみゼロプランは、法律等に基づき定める計画ではなく、三重県が2003年11月25日に発表した「ごみゼロ社会実現に向けた基本方針」（資料1）に基づく任意の計画である。

ごみゼロ社会実現プランにおいて、注目されることは「2025年までにごみの最終処分量を0tにする。(2002年実績787千t（家庭系と事業系の合計))」と具体的な数値目標を掲げている点である。(図5-1)

つまり「脱埋立」である。一見して「このプランはゼロ・ウェイストではないか？」と思われるかもしれないか、ここには大きなからくりがある。他の数値目標として、ごみの排出量削減率を家庭系ごみ30％、資源としての再利用率50％を掲げている。家庭系ごみにおける2002年度の実績は535千tであることから、目標年度である2025年度は30％減の375千tが目標値となる。再利用率が50％であるから187.5千tは再利用されるとして、残り187.5千tは焼却によ

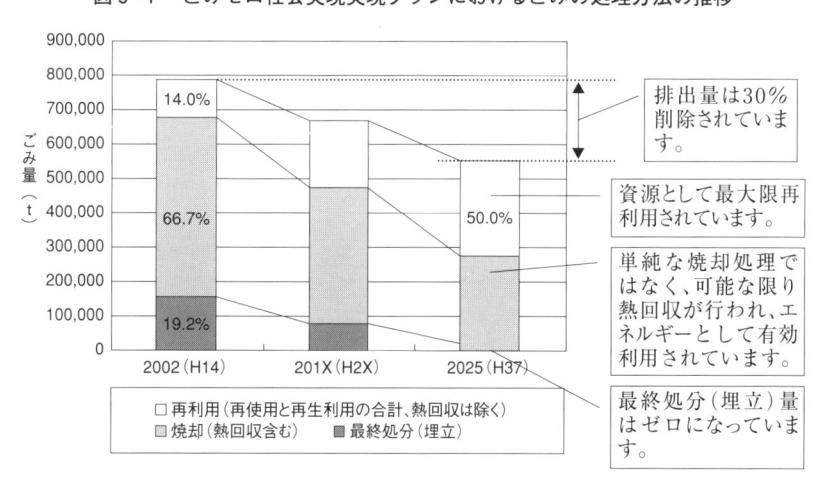

図5-1　ごみゼロ社会実現実現プランにおけるごみの処理方法の推移

出所：「ごみゼロ社会実現プラン」

る熱回収利用（サーマルリサイクル）なのである。ここに、巨大な施設をすぐさま停止できない三重県の事情が垣間見える。

　もっとも、プランの具体的な取り組みには、「産業・福祉・地域づくりと一体となったごみ減量化の推進」や「ごみゼロ社会を担う人づくり・ネットワークづくり」など、地域経済あるいはコミュニティと密接に関わったごみ処理政策を提唱しており、ゼロ・ウェイスト政策の意図を十分反映した取り組みも多く見られる。

　「ごみをゼロにする」この見解の相違は、ごみゼロ社会実現プランについて協議した三重県議会の「廃棄物総合対策特別委員会」（2004年12月7日開催）の協議内容からもみてとれる[2]。本委員会において西塚委員は、「埋め立てをゼロにするのがごみゼロ社会なんですか。焼却したらいいわけ。それは。そういうことですか。」とごみゼロにたいする定義づけを県側に改めて問い、加えて「市町村で焼却施設が、どんどん上手く回れば削減せんでも、ごみゼロ社会というのは達成するわけですやろ。めざす方向と現実はギャップがあってわからんのですが。（省略）新しい技術が開発されて、ガス化溶融炉よりもっと新しいものができるかもわかりません。そうなると、効率的に燃やせる施設ができれば、そこで燃やしたってしまえばゼロになるわけですやろ。（省略）埋め立て処分せずに燃やせる能力が高まれば、ごみを削減せんでもごみゼロ社会は達成することになるわけでしょう。」と「脱焼却」の方向性を示すことができなかった同プランにたいする違和感を述べている。

　これに対し、井藤環境森林部長は発生するごみをゼロにするということは不可能であるという認識を示し、「出るごみを一番少なくしていこうと、まずはそれが基本でございます。その上で出たごみをできるだけやっぱり有効活用していこうと。それで最終的に残ったごみは、やっぱり焼却せざるを得ないこと。（省略）ある程度のことは最終的に焼く分については、出てくるというふうには思っております。」と返答している。これを受けた西塚委員は最終的に残ったごみは焼却せざるを得ないという考えには同調しながらも、県民の考え

る「ごみゼロ」のイメージとは異なる方向であるという認識を示した。

　具体的に県民が考えるごみゼロのイメージについて、委員会の中では示されなかったようであるが、この一連の意見のやりとりを見ても、行政と住民そして企業の間で「ごみをゼロにする」という認識に隔たりがあるように感じられる。

　行政に関しては、先に示したとおりごみ処理を責務とするがゆえに、サーマルリサイクルなどで、ごみを効率的に処理する（ゼロにするように処分する）こと。住民においては、総論としては「脱焼却」、「脱埋立」には賛同すると思われるが、各論ではごみ処理政策に関心のある一部を除き、「美化」という言葉が示すように住民個々のテリトリーからごみがなくなる（ゼロになる）こと。そして、企業はゼロ・エミッションの取り組みが示すように生産工程において廃棄物がでないことで生産コストを削減する（ゼロによる生産コスト削減）こと。概ね現時点ではごみをゼロにすることの価値観は、三者三様であるように考えられる。

　ごみゼロ社会実現プランを策定後、三重県は「めざせごみゼロ!! 地域交流会」と題したボランティア団体の勉強会や交流会を実施するなど、草の根レベルの取り組みも行っている。このような取り組みの中で、「ごみをゼロにする」という価値観の共有が図られていくことも期待される。しかし、ゼロ・ウェイスト政策にあって、ごみゼロ社会実現プランに欠けている「脱焼却」という方向性をどのように位置づけていくのか。「ごみをゼロにする」という価値観を各主体が共有するにあたり、この課題は避けては通れないものになるであろう。

2.2　静岡県榛原町（現牧之原市）議会における「ごみゼロをめざした町づくりに関する提言書」

　ゼロ・ウェイストへの取り組みに関して、議会が積極的に調査を行い町に対して提言した事例が、榛原町（現牧之原市）議会における「ごみゼロをめざし

た町づくりに関する提言書」(資料2) である。

　榛原町は、隣接する吉田町と広域施設組合を設立し一般廃棄物処理業務を行っており、施設に関しても、可燃ごみ直接搬入施設および最終処分場が1999年に供用を開始した。この意味においては、先のRDF発電施設の事故が背景にある三重県や、ごみ処理施設建設を断念せざるを得なかった上勝町のように、ごみの「焼却」や「埋立」が大きな障害にもなっていない。

　しかし、環境に負担をかけない廃棄物処理政策として、ごみの焼却や埋め立て処分を見直すことが必要であること。また、厳しい財政状況の中で、ごみの減量化に努めるとともに資源化を徹底してリサイクルを促進することで、ごみの焼却や埋め立てに伴う費用負担を少しでも軽減すべく、榛原町議会第1常任委員会が、所管事務調査としてゴミ処理政策をテーマに約1年をかけ、企業や自治体の先進地視察も行い取り組んだのである。

　町の担当者は、町議会が「焼却施設の次回更新には、もう、焼却場を建設するのを止めようじゃないか。」と思考し、そのための策として、ゼロ・ウェイストを選択肢として提言されたのではないかとしている。

　議会第1常任委員会の委員が徳島県上勝町に視察した際に、ごみ集積施設が1箇所あるのみで、ごみ収集車が走っていない。その施設では、ごみが30数種類に分別されており、再利用できる服はハンガーに掛けて並べてある。ある一室には、児童書が本棚に並べられて図書館のようになっている現状を見て、議員だけでなく随行した町担当者も「これだ」と思ったとしている[3]。ごみの集積施設は、ごみの分別施設であるだけでなく、子ども達にとっては児童館の役目も果たすことになり、大人にとってはコミュニケーションの場になると感じたようである。

　提言において、最も重要な点は「脱焼却」、「脱埋立」にたいする方向性が明確に感じられるということである。それは、日々出てくるごみの処理について、明日から焼却施設を停止させるとか、最終処分場の建設を中断させることはできないとの考えは持っている。しかし、今から取り組みを進めていけば、

次の焼却施設は規模の小さいものにできる、あるいは、その次の施設はもう作る必要がないようにできるかもしれないという発想である。ごみが残るかどうかというのではなく、排出者責任、拡大生産者責任が叫ばれる中、本来自治体の建設する焼却処理施設あるいは最終処分場をどのようにしていくべきかに視点を置いていることである。

中央政府の立場でゼロ・ウェイスト政策に携わっている、ニュージーランド環境省上級政策分析官の Charles Willmot は、「ゴールに向かって行動することが、実際にゴールを達成するよりも大事である。ということからゼロ・ウェイストの考え方が取り入れられた。」[4]と述べている。まさにこの考えなのである。

榛原町は、2005年10月11日に相良町と合併し牧之原市が誕生した。新市における市議会議員選挙において、榛原町議会第1常任委員会の議員も多く当選され、平成17年12月に開催された牧之原市議会定例会の一般質問において、市長に対しゼロ・ウェイスト政策への取り組みを求めている。

牧之原市の初代市長になった西原茂樹市長自信も、環境問題に関心がありゼロ・ウェイスト政策にたいする理解もある。それゆえ、「徹底した分別と市民の実利」に重点をおいたゼロ・ウェイスト政策を具現化したシステムづくりをめざしている。今後、住民にたいするゼロ・ウェイストへの理解をどのように深めていくのか。また、合併した相良町には、ゼロ・ウェイスト政策にたいする理解が十分でないなど、政策そのものの認識を深めていく作業はこれからが本格化することになるだろうが、今後の動向が注目される事例である。

3　自治体主導でない新たなゼロ・ウェイスト政策に関する動き

3.1　一本杉通り（石川県七尾市）におけるゼロ・ウェイスト宣言

今までのゼロ・ウェイストへの取り組みのように自治体が宣言するのではなく、町内会単位で宣言した事例がある。それが石川県七尾市の一本杉町町会お

よび一本杉通り振興会における「一本杉通りゼロ・ウェイスト宣言」（資料3）である。

　七尾市におけるごみ処理は、隣接する中能登町とともに「七尾鹿島広域圏事務組合」による広域処理を行っている。ごみ処理施設においてもRDF化施設を建設し2003年度よりごみの受入れを行っている。また、最終処分場に関しても、1995年5月に「中央埋立場」を建設し供用を開始している。これらゼロ・ウェイストに至る背景も、先の榛原町同様に「焼却」「埋立」が大きな障害になっていない。むしろ、自治体におけるゼロ・ウェイスト政策に関する動きとは、まったく異なる成り立ちでゼロ・ウェイスト宣言をしたところが特筆すべき事例なのである。

　実際に、一本杉通りを散策すると多くの商店街のように、近代化により同じような建物ばかりが整然と並んでいることもなく、ましてや歴史文化的な観光地のように、古い建物が修復あるいは復元され統一されている訳でもない。この通りの面白さは、今まで本格的に手を加えてこなかったがゆえに、新しい建物の間に古い建物が点在しているところではなかろうか。実際に、非常に魅力ある建物が今も残っており、その中でも4件の建物が登録有形文化財の指定を受けている（写真5-1）。他の商店街ではすでに見られなくなった個性ある商売屋も軒を連ねている。

　この一本杉通り商店街が元気を取り戻したきっかけは「花嫁のれん展」であった。「花嫁のれん（写真5-2）」とは、加賀・能登の庶民生活の風習の中に生まれた独自ののれんで、幕末から明治初期のころより加賀藩の能登・加賀・越中にみられるものである。花嫁が嫁入りの時に花嫁のれんを持参し、花婿の家の仏間の入口に掛け、玄関で合わせ水の儀式を終え、両家の挨拶を交わした後、花嫁がのれんをくぐり祖先のご仏前に座ってお参りをしてから式が始まるのである。その後、花嫁のれんは新婚夫婦の部屋の入口に掛けられる。

　三日目にお部屋見舞いの仲人や、親戚の女性たちが集まり、花嫁持参のお道具や衣装を拝見に来るお祝い客があるので、これら来訪者のために掛けておく

第5章 ゼロ・ウェイスト政策の最近の動向と今後の方向性　105

写真5-1　一本杉通りの登録有形文化財（左「鳥居醤油店」右「北島屋茶店」）

出所：お茶の北島屋ホームページ

写真5-2　花嫁のれん

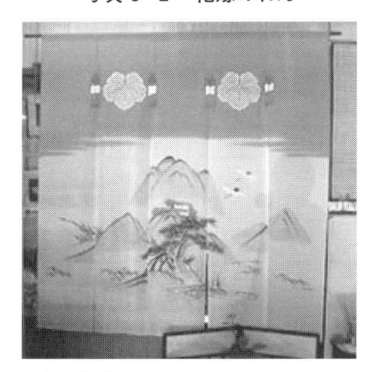

（著者撮影）

という。現代では風習・しきたりを重んじる地域や旧家、石崎奉燈の祭礼の時には、欠くことのできないものとして家々に引き継がれている。しかし、実際には花嫁のれんを飾ることはほとんどなく、このような綺麗なのれんが使われないことを「もったいない」と感じ、商店街の人々が各店にこの花嫁のれんを飾り「花嫁のれん展」を開催したのである。これが契機となり、非常に多くの方がこののれんをみるために訪れることになった[5]。

　現在、一本杉通りでは、アートとのれんのまち、癒しともてなしのまち、というコンセプトでまちづくりを進めている。訪れる人が多くなるにつれ、来て

いただく方にとっても気持ちのいい快適な一本杉通りでありたいという意識が高まり、せめて通りのごみを拾って綺麗にしたいというのがゼロ・ウェイスト宣言の発端である。

2004年9月20日に一本杉通りで開催されたゼロ・ウェイスト宣言大会には、武元七尾市長、七尾市快適環境づくり市民委員会の北原委員長をはじめ、七尾市役所の関係者も出席して行われた。

一本杉町においては、従来からのコミュニティが現在も十分に機能している地区ではあるが、宣言の内容（資料3）から、商店街関係者だけでなく一本杉町の住民が一本杉通りを「共有の財産」として認識し、この取り組み通じて一本杉通りのまちづくりにつなげていくという目的意識が感じとれる。また、七尾市としても、このような取り組みを行う町内会や自治会に予算を配分していく方針であり、一本杉通りにおけるゼロ・ウェイストへの取り組みを支援する体制を構築しようとしている[6]。そこには、先の榛原町議会が提言したゼロ・ウェイストのモデル地区のかたちができつつあるように感じられる。

宣言後は、まず「自分たち自身で、ごみをゼロにするには何ができるのか。」を考え、自分たちが出すごみのことを知る目的で、ごみの排出量を計量し記録する作業を行い、その上で、排出されるごみの大部分を占める生ごみの処理方法について、一本杉ごみゼロ推進委員会が中心となり模索している段階であった。一本杉通りにおけるゼロ・ウェイストに向けた取り組みははじまったばかりである。

Connet（2003）は、ゼロ・ウェイストへの具体的な方向性のひとつに「地域社会における責任」をあげ[7]、ごみを発生源で分別する重要性を指摘している。そして、ごみの発生源分別を成功させるためのポイントとして、以下の5つの点をあげている[8]。

(1) ごみ分別プログラムを簡単にすること
(2) ごみ分別プログラムをその地域内で行うこと。
(3) 地元の地域社会と一体になってごみの分別プログラムを実行すること。

(4) ごみの分別プログラムを地元の経済と連携させること。
(5) ごみの分別プログラムを持続可能な方向へと進めること。

これらのポイントは、全てのごみは最後には地域住民自身が所有していたものであり、地域住民による毎日の小さな努力が必要であること。そして、ごみ処理を高度な機械化に頼るのではなく、ごみ処理のための組織化に重点を置くものであること。さらに、ごみを資源として地域経済との結びつきを模索し、地域の持続的発展につなげていくことにある。少なくとも、現時点の一本杉通りにおけるゼロ・ウェイストへの取り組みは、Connet が掲げる方向性と一致しているように思われる。一本杉通りの取り組みをさらに進めるためには、行政が単に財政的な支援だけでなく、これらのポイントを踏まえたモデル地区としての支援体制の構築が必要であろう。

3.2 東京都町田市における「町田発・ゼロ・ウェイスト宣言の会—もったいないから始める私のくらし」

先の一本杉通りの事例のように、まちづくりの取り組みがゼロ・ウェイストへと発展していったケースとは異なり、これまで町田市におけるごみ問題[9]に深く関わってきた人々により、2007年に日本における中核都市初のゼロ・ウェイスト宣言を行うことをめざし発足したのが「町田発ゼロ・ウェイスト宣言の会：もったいないから始める私のくらし」である。

めざすべきゼロ・ウェイスト宣言では以下の目標を定め、市民、行政、企業の協力により実現を図るとしている。

(1) ごみを燃やさない、埋め立てない、徹底資源化方式を実現する。
(2) ごみになるものを作らない売らない拡大生産者責任制度の確立をめざす。
(3) マニフェスト（目標数値設定と達成年次の公示）による目標達成を図る。
(4) 市民、議員、職員、専門家による参画システムの研究と実践を行う。

さらに、ごみを燃やさない、埋め立てないまち「ごみゼロ都市まちだ」を公約に掲げた石坂文一新町田市長が誕生すると、町田発・ゼロ・ウェイスト宣言の会は、「町田市のごみ政策に関する要望書」を石坂市長あてに提出した。この中で、「ごみゼロ都市まちだ宣言」と「ごみゼロまちだ長期ビジョンづくり」のための「市民100人委員会」を公募すること。また、この委員会の運営は、市の原案を検討するのでなく、白紙からの市民の議論を生かすよう配慮することを要望した。これに対し、石坂市長は立ち上げに向けて準備を進めている旨の回答を、ゼロ・ウェイスト宣言の会の広瀬代表に伝えている[10]。さらに、ゼロ・ウェイスト宣言の会の第4回全体会に石坂市長が参加され、市長の公約の「ごみゼロ」とは「ゼロ・ウェイスト」のことであると明言している。

このように、ゼロ・ウェイスト宣言に向けての基盤づくりは着実に進みつつあると思われるが、ゼロ・ウェイスト宣言の会では具体的にどのような取り組みを進めようと考えているのだろうか。それを知る手掛かりとして、2007年に町田市がゼロ・ウェイスト宣言を行い、ごみゼロに向かって推進中の5年後の2012年の町田市の姿を「夢のシナリオ」(資料4) として示している。

このシナリオにおいても、基本的に「ごみはゼロにならない。」「すぐに焼却炉はなくならない。」という考えは先の事例と同様である。そのことをシナリオでは、「5年後にはコンパクトで高性能の焼却炉1基」という表現にまとめている。規模の経済性をめざす「広域化」ではなく、「小さくする」という発想である。

例えば、熊本県水俣市は、生ごみを含む22種類の分別収集を実践している。水俣市のリサイクル残さ (燃えるごみ) は、水俣市をはじめ芦北町、津奈木町の一市二町で構成される「水俣芦北広域行政事務組合」により処理されている。ここの「クリーンセンター」は、ガス化溶融炉施設であり炉は43t／日の1炉のみである。広域処理が推進され100t／日を超える大規模施設が急増している実態をみても、クリーンセンターにおける処理能力は小さいといえる。しかも、定期点検などを勘案して、焼却炉は2炉設置されるのが通常であるが、

クリーンセンターは1炉のみである。これは、ごみを貯めておくごみピットを大きくし、焼却炉の定期点検の際にもピットにごみを貯めておくことで対応するというものである。リサイクル残さには、生ごみが含まれていないためごみを貯蔵しておくことは比較的容易であり、ごみの減量化を進めリサイクル残さを少なくすることを前提とした施設整備である。しかも、小規模であるがゆえに、発電施設も設置されていない[11]。結果として、この規模における施設の平均的な建設費である24億円余り[12]を大幅に下回る15億4千万円で建設されたのである。

この水俣市の施設のあり方も、ただ単に分別しているのではなく、徹底した質へのこだわりがPETボトルを始めとする全ての資源物の品質レベルが高く、「水俣ブランド」と呼ばれ全国的に注目されているからこそ導き出されたものであるといえる[13]。

分別のレベルをいかに上げていくか。そして、ごみ処理に係るコストをいかに抑えるか。夢のシナリオでは、通常の「燃えるごみ」、「燃やせないごみ」の収集回数を減らすとともに、ごみの有料化を実施している。一方で、市内に設定された「ごみサービス・ステーション」に持ち込む住民には、ポイント制により日用品を提供するという経済的手法を実施するとしている。

上勝町におけるゼロ・ウェイスト政策は、従来のコミュニティが重要な役割を果たしているといえる。加えて、ゼロ・ウェイストアカデミーは、住民や地域社会に対して、セミナーやイベントなどを通じて環境教育・環境学習の普及、啓発を行っている。人口40万人を超える町田市にとって、上勝町のように既存のコミュニティを活かすということも地域によって事情は大きく異なるであろう。そして、「町田発・ゼロ・ウェイスト宣言の会」が、ゼロ・ウェイストアカデミーと同様にボランティア・アソシエーションとしての機動性、柔軟性そして専門性を活かしたサービスを行政、住民や地域社会、事業者それぞれに提供できる団体として、さらなる地域社会に貢献できる存在になり得ることができるのか。日本におけるゼロ・ウェイスト政策が市民権を得ることができ

るのかを今後占う意味においても、動向が注目される事例であるといえよう。

4 ゼロ・ウェイスト政策の今後の方向性
―トップ・ダウンかボトム・アップか―

　ゼロ・ウェイストに関する最近の動向をさまざまな事例を通じて紹介した。最後に、これらの事例から、今後のゼロ・ウェイスト政策の方向性について考えてみたい。ゼロ・ウェイストを進めるうえで重要なのは、Local（地域主導）、Low Cost（低コスト）、Low Impact（低環境負荷）、Low Tech（最新の技術に頼らない）という4Lにある。日本のごみ処理行政の現状が、広域処理、大規模処理施設建設による高コスト、ダイオキシンなどの有害物質による環境の負荷、RDFやガス化溶融炉による処理技術の高度化など4Lとは逆方向に進んでいるともいえる[14]。

　このようなゼロ・ウェイスト政策と日本のごみ処理政策との方向性のかい離をどのように捉えるのか。上勝町のように全域で一斉にゼロ・ウェイスト政策を進める「トップ・ダウン型」の取り組みでは、規模が大きくなればなるほど、このかい離すなわち「脱焼却」、「脱埋立」のあり方が障壁となるであろう。各種のリサイクル関連法が整備されてきたとはいえ、一般廃棄物の処理は市町村の責務となっており、減らないごみの量とともに質の変化の問題や最終処分場の枯渇の問題、ごみ処理費用の高騰に伴う自治体財源の圧迫など、生産者、流通業者や消費者の行動を転換させるよりも、排出された廃棄物の適正処理を優先せざるをえない背景が市町村には依然としてあるように思われる。だからこそ、単に「住民」対「行政」という構図ではなく、責任と費用負担の制度的視点から効率的で公平、公正な社会経済システムを構築することも併せ持った、マクロ的視野を持って問題を捉えることが必要である[15]。

　一方で、自治会や町内会などのコミュニティ単位でモデル的に取り組みを進め、それが全域に広がるといった「ボトム・アップ型」の動きが、「トップ・ダウン型」よりも広がるのではないかと期待される。4Lを前提としたゼロ・

ウェイストの取り組みは、一本杉通りの事例でもわかるようにコミュニティ力が問われる。ごみの問題は、基本的にはコミュニティ内のすべての人々が共通に関わる問題だけに、狭義における自己決定の仕組み[16]との連携も想定される。例えば、三重県が提起する概ね小学校単位を基本とする「住民自治活動協議会」における役割のひとつと位置づける動きなどである。その場合においては、経済的手法や情報手法などを用いた行政の支援体制づくりがゼロ・ウェイストの取り組みを広げる鍵となるであろう。

加えて、行政が担う「公共システム」、先の住民自治活動協議会のような「地域社会システム」、市場経済主導の「経済システム」でもない「第4のサブ・システム[17]」の存在も重要な役割を果たすであろう。ゼロ・ウェイストアカデミーなどのNPOやボランティア・アソシエーションが主体的役割を果たす第4のサブ・システムは、そのシステムの持つ即応性や開放性などの特質を十分に活かし、ゼロ・ウェイスト政策をさらに実効性あるものとして機能させる可能性を持っている。

いずれにしても、紹介した事例が今後、どのように発展していくのか。また、「第2の上勝町」がいつ生まれるのか。ゼロ・ウェイスト政策が広まる土壌づくりは着実に進んでいるといえるのである。

〈資料〉

資料1 「ごみゼロ」実現に向けた基本方針

「ごみゼロ社会」実現に向けた基本方針

1 現状認識

　県では、これまで「最適生産、最適消費、廃棄ゼロ」を基調とした持続可能な資源循環型社会の構築を目指し、ごみの排出抑制・再使用・再生利用や広域処理システムの構築などに対処してきました。

　この結果、アルミ缶やペットボトル、びん等の飲料容器、新聞紙、段ボールなどは、資源としての有効利用が進み、資源化率も向上し続けています。

　しかし、県内の一人当たりのごみ排出量については、若干の増減はあるものの、10年前とほとんど同じレベルで推移しており、排出されたごみの80%は、焼却又は埋立という方法で処分されています。

　この適正処分を中心とする現在のごみ処理システムは、温暖化ガスや有害物質の排出など環境にたいする負荷や、資源の浪費、ごみの収集・運搬、処分に要する費用の確保といった大きな問題を抱えています。

　この状態がさらに続けば、地球温暖化の進行や資源の枯渇などの環境問題が深刻化するとともに、施設の更新に伴う膨大な費用負担、埋立処分場の残存容量のひっ迫といった事態を招き、システム自体が破綻しかねません。

2 目指すべき社会の姿

　真の資源循環型社会を構築するためには、単に物の生産、消費、回収、再生利用というサイクルをまわすだけに終わらせず、さらに一歩進めて限りある資源の消費を抑制し、環境への負荷を可能な限り低減させなければなりません。

　そのためには、「ごみをどう処理するか」よりも、「ごみを出さない」、「ごみ

をなくす」ことに重点を置き、ごみ処理の体系を持続可能な循環型のものへと転換していく必要があります。

こうした考え方のもと、私たちは、「ごみを出さない生活様式」や「ごみが出にくい事業活動」が定着し、ごみの発生・排出が極力抑制され、排出された不用物は最大限資源として有効利用される「ごみゼロ社会」の実現を目指します。

3　基本的な視点

「ごみゼロ社会」実現に向けては、以下の視点から取り組みます。

(1) 意識・価値観・行動の転換

さらなるごみの減量化のためには、人々のライフスタイルや生産者の事業活動のあり方にまで踏み込む必要があります。例えば、"スローなライフスタイル"すなわち、「手間暇をかけること、良い物を大切に使うことに価値を見い出すことのできる生活様式」が見直されてくるといったことが、今後とても大切になってきます。

こうした考え方のもと、私たちは、
- ■「ごみは適正に処理すれば良い」という意識から、「まずごみを出さない」という意識へ
- ■「燃える・燃えない」というごみの分別から、「資源化できる・できない」という分別へ
- ■「効率性・経済性と環境保全はトレードオフの関係」という考え方から、「それらを両立させる」という考え方へ
- ■「目先の利便性優先、量の豊かさ志向」のライフスタイルから、「環境への配慮優先、質の豊かさ志向」のライフスタイルへ

と、さまざまな意識や価値観、行動の転換を促す取組を積極的に展開していきます。

(2) 取組に関する優先順位の明確化

　大切なことは、ごみを"ごみ"として管理（処理）することではなく、まずごみの発生を抑え、ごみを"未利用資源"として管理（再資源化・利用）することです。

　このため、まず第一に、物をなるべく長期間使用する、或いは、耐久性の高い物づくりを行う、過剰包装をしないなど、そもそもごみが発生しないよう努める必要があります。

　次に、やむを得ずごみとして発生した物については、製品や部品としてそのまま再使用することが、まず優先されます。再使用できない物は、原材料として再生利用する必要があります。再生利用もできない物は、熱エネルギーとして回収し暖房や給湯、発電などに有効利用することとなります。

　最後に、どうしても資源として有効利用できない物は、環境に負荷を与えない方法で適正に処分しなければなりません。

　このように、①発生抑制　②再使用　③再生利用　④熱回収　⑤適正処分という取組の優先順位を明確にし、戦略的かつ効率的に進めます。

(3) 多様な主体の役割分担の再構築と連携・協働

　「ごみゼロ社会」は一朝一夕に実現するものではありません。ごみに関わりのあるあらゆる個人・組織が、ごみをなくそうとする熱意、相互の連帯協力、実践における忍耐力を長期間維持しつつ取り組むことにより、初めてその姿が見えてくるものです。

　また、「家庭・事業所はごみを出し、行政は適正に処理する」といったような、これまでの住民、事業者、行政の役割分担では、上手くいきません。それぞれができること、やらなければならないことに主体的、積極的に取り組むことが不可欠です。

　このため、県民、事業者、民間団体、市町村、県などさまざまな主体が、

「ごみゼロ社会」実現に向けて役割分担を再構築し、連携・協働して取り組みます。

(4) ごみを資源ととらえた地域づくりの展開

　ごみの減量化については、地域の自然的社会的条件やごみ処理の実情など地域の特性に応じて対策を講じることが効果的です。このため、地域でよく話し合って良い方法を考え、自らの責任において実行していくことが非常に大切となってきます。

　また、現在焼却や埋立により処分されているごみの中には、資源として循環利用できるものが多く含まれています。ごみを地域資源と考えれば、地域産業との融合や、高齢者の活力導入、コミュニティの再生などに向けた新たな地域づくりの展開が可能となります。

　こうしたことから、地域の創意工夫による、ごみを資源ととらえた地域づくりに取り組みます。

4　推進の方向

(1) 取組の期間

　「ごみゼロ社会」実現については、概ね20年後を目標とし、取組を推進していきます。

(2) 取組の3本柱

　取組にあたっては、次の3つを柱とし具体策を推進していきます。
　➢発生抑制の推進
　➢環境教育と分別の徹底
　➢再資源化の推進

(3) 実現に向けたステップアップ・シナリオ

地域社会の将来像や数値などによる具体的で分かりやすい目標を設定するとともに、取組の成果や進捗状況を公表するなど、多様な主体が、実現に向け着実にステップアップしていくための段階的なシナリオを共有しながら取り組みます。

また、Plan（計画策定）―Do（実施）―Check（点検・評価）―Action（見直し・改善）のサイクルにより取組全体のマネジメントを行います。

(4) 当面の取組
①協働の素地づくり

「ごみゼロ社会」実現に向けた道筋を明らかにし、具体的な施策を県民に示すため、短期・中期・長期的なビジョンや目標を含むプランを策定します。その際、県民、事業者等の理解と協力を得るため、プランづくりへの参画機会を提供するとともに、啓発を行います。

また、プラン策定に必要な基礎データを収集するため、ごみに関する実態調査や県民意識調査、ごみの減量化手法に関する調査などを実施します。

②モデル事業の実施

「ごみゼロ社会」実現のためには実験的、先駆的な取組にチャレンジすることが不可欠であり、その成功事例を積み重ね県全域での展開につなげていく必要があります。

このため、リターナブル容器の普及や生ごみのリサイクルに関するシステムの構築など、ごみ減量化のための新たなシステムや制度の導入に資するモデル事業を実施します。

③モデル事業の評価と取組の改善、取組への参画促進

モデル事業について評価を行い、その効果や課題を明らかにするとともに、必要に応じて、プランの見直しや取組の改善を行います。

また、より多くの県民や事業者等に、プランを共有してもらい主体的に実践してもらうため、取組への参画・学習機会の提供や啓発を行います。

5 取組の課題
- ➢ 県民、事業者、市町村、県それぞれの役割と責任に基づく取組が不可欠であり、「ごみゼロ社会」実現に向けたコンセンサスを得ることが必要です。
- ➢ 個人や事業者、地方自治体の取組だけでは実現が困難であり、法制度改革等を積極的に提言するなど、国等に対して働きかけることも必要です。
- ➢ 「ごみゼロ社会」の実現は、20年先の将来を見据えてじっくりと取り組まなければならない長期的な課題であり、現行のごみ処理システムについては、さらなる安全安心の確保が不可欠です。

資料2　ごみゼロを目指した町づくりに関する提言書

ごみゼロを目指した町づくりに関する提言書

　「排出者である町民あるいは事業者等を含めた全体的な課題として捉え、ごみ処理体制の整備にあたっては、これまでのように廃棄物のなかから資源物を取り出すだけではなく、町民・事業者・行政がそれぞれの役割を明確にし、具体的な推進施策をもって対処する。」これは吉田町榛原町広域施設組合のごみ処理基本計画（平成14年度から平成23年度）の基本方針の一節であります。また同施設組合の清掃センターでの焼却は、平成30年度をめどに施設更新が予定されています。
　第1常任委員会では、これに連関してどのようなごみ処理の減量化がはかれるのかを、テーマとして取り組んできました。これまでの経緯としては、昨年12月から、ペットボトル製造や剪定枝等のチップの堆肥化を行っている近隣の企業視察をはじめとして、本年は、広域施設組合や町内の一般廃棄物処理の現場・施設の現状と課題を取り上げ、8月にはゼロ・ウェイスト（ごみゼロ）政策を実践している、徳島県上勝町の現状視察や研修を実施してきました。これらを踏まえて委員会では、本町においてどのようにごみゼロを目指したらよいのか議論を重ねてきました。
　ゼロ・ウェイストとは、従来のごみの焼却や埋め立て処分からの転換をはかり、ごみの発生抑制・再利用・再生利用を進めることを意味します。現在廃棄される一般ごみの量は増加傾向にあり、ごみ処理経費も上昇しています。また財政事情や住民負担、さらには環境汚染などを考慮すると、ゼロ・ウェイストこそ時代の要請です。そこでまずは一人一人がごみをなくすこと、本当に欲しいものか、必要なものかを考えて、ごみになるものは買わないことが肝心です。またリサイクルはとても大切なことですが、リサイクルの心がけというこ

と以前に、根本的にごみを削減するという姿勢や、個人だけではなく全体的なごみ行政の政策が求められます。

そこで、委員会は次のような三つの側面から、すなわち住民・行政・企業の協力体制が必要不可欠との結論に至り、以下のことについて取り組むことをここに提言します。

1　住民ができること（ごみ処理の現状把握をしよう）
　(1)　無駄な物は買わない、粗末にしない。
　(2)　ごみ処理にかかる費用や環境汚染による人体への影響などについて考える。
　(3)　ごみの徹底分別・収集、分類の細分化およびリサイクルの徹底をする。
　(4)　生ごみの堆肥化をすすめる。
　(5)　町の助成制度を活用した、生ごみ処理機の購入をすすめる。
　(6)　剪定枝など木・竹類のチップ化・堆肥化を図り、これらを農家へ提供する。
　(7)　リサイクルのモデル地区を設けて、各区・町内会単位での資源ごみ集積場の設置をはじめとして、積極的なゼロ・ウェイスト運動を展開する。
2　行政ができること（リーダーシップ・ごみ対策から政策確立へ）
　(1)　リサイクルの仕組み作り。
　(2)　拡大生産者責任に基づく法律の整備要請や排出抑制の条例制定により、ごみを出すと損、リサイクルは得するという地域社会をめざす。
　(3)　ゼロ・ウェイスト宣言を行い、実践目標を設定する。
　(4)　住民へのごみ処理現況情報の提供と、啓発・啓蒙活動としてのごみ問題シンポジウムなどの開催をする。
　(5)　先進地への視察助成をする。
　(6)　ごみ処理リーダーの養成、例えば地区環境衛生委員の活動拡大と強化を図る。

3 　企業ができること（拡大生産者責任の徹底）

　(1)　リサイクル可能な製品製造（再利用・再資源化）を推進する。

　(2)　使用後の資源回収を行う。

　(3)　再処理経費の商品価格への組込みを行う。

4 　以上三者の取り組みを具現化するための、町民主体による「榛原町ゼロ・ウェイスト政策検討委員会（仮称）」の立ち上げを提案する。

　　平成16年12月17日

榛　原　町　議　会

資料3　一本杉通りごみゼロ（ゼロ・ウェイスト）宣言

　一本杉通りでは、アートとのれんのまち、癒しともてなしのまち、というコンセプトでまちづくりを進めていますが、ここに暮らす私たちにとっても、訪れる人にとっても気持ちのいい快適な一本杉通りを守り育て、後世の人々に継承するために、ここに「一本杉通りごみゼロ（ゼロ・ウェイスト）宣言」をします。

<一本杉通りごみゼロ（ゼロ・ウエイスト）宣言>
　未来の子どもたちにきれいな空気やおいしい水、豊かな大地、美しいまちなみ景観を継承するため、2020年までに一本杉通りをごみゼロにすることを決意し、一本杉通りごみゼロ（ゼロ・ウエイスト）を宣言します。
1．一本杉通り、ひいては地球を、汚さない人づくりに努めます。
2．ごみの発生抑制と再利用・再資源化を進め、2020年までに焼却・埋め立て処分をなくす最善の努力をします。
3．一本杉通りと地球環境をよくするため世界中に多くの仲間をつくります。

<一本杉通りごみゼロ（ゼロ・ウエイスト）行動宣言>
　一本杉通りに暮らす私たちは、
1．毎朝自分の家の前はもちろん、向こう三軒両隣まで含めて清掃します。
2．草むしりをするときは自分の家の前はもちろん、向こう三軒両隣の視界に入るところまで草むしりをします。
3．毎月第三日曜日に町内の一斉清掃をします。
4．家庭から出るごみの発生をできる限り抑え、分別・回収をすすめます。
5．2020年までにごみの発生率を最小にし、回収率を最大限にできるような、一本杉町に合った教育学習システム、分別回収システム、生ごみ堆肥化シス

テムを、実験を通じて構築していきます。
6．七尾市内の他の町会、日本国内の他の市区町村においても一本杉通りと同様の目標を定め、相互にネットワークをつくりながら目標達成へ協力体制が今後強まることを願い、積極的な情報交換や協力連携を行って行きます。
以上宣言します。

平成16年9月20日

　　　　　　　　　　　　　　　　　　　　石川県七尾市　一本杉町　町会
　　　　　　　　　　　　　　　　　　　　　　　　　一本杉通り振興会

資料４　町田発・ゼロ・ウェイスト宣言の会
─もったいないから始める私のくらしによる「夢のシナリオ」─

〈夢のシナリオ〉
2012年現在の町田市の「ゼロ・ウェイスト政策」の現況

1．町田市は5年前に「ゼロ・ウェイスト宣言」を行い、ごみの焼却と埋め立て処理は原則行わないという方針を決定しました。以後、焼却炉の新築はもちろん、増改築も行わず、年次計画的に脱焼却品目を増加中で、稼動中の焼却炉は現在2基ですが、5年後にはコンパクトで高性能の焼却炉1基、煙突は完全撤去の計画です。
2．現状での脱焼却品目は、従来から可燃物と呼ばれてきた物のうちで、主に容器包装のプラスチック製品類や紙おむつなどの汚物を除き、「生ごみ」「紙類」「雑誌」「段ボール類」「布類」「庭木の剪定枝類」などは、ほぼ90％が資源化されるようになっています。この5年間は主に「生ごみ」の排出源資源化による脱収集、脱焼却にとりくみ、家庭系生ごみは、ほぼ100％、事業系生ごみもほぼ50％の資源化率を達成しました。
3．各家庭では、ほぼ全世帯が「生ごみ」を自家処理してそれぞれ土に還しています。自家処理の方法は、コンポスター、EMぼかし、バイオ式電動処理機などを使うか、或いはそのまま土に埋めるなど、各人の考え方や住居形態でさまざまですが、いずれの方法を選択しても、それぞれの家庭の大きな経済負担とならないよう、市の経費支援制度で支えています。また、アパートや集合住宅の家庭には、それぞれの住居棟毎に大型電動処理機が設置されて共同で自家処理しますが、この形体も公的な支援制度は同じです。また、学校や老人ホームなどの公共施設にもそれぞれに処理機を備え同じように処理しています。今後は、市民による生ごみ堆肥化の安定度を

確保するために、市民農園の格段の充実を図る計画です

4．「生ごみ」の排出源資源化により、ごみの収集事業はかなり効率化された上にさらに細分別による資源化率も向上してきました。つまり、燃えるごみは週2回の回収が週1回に、燃やせないごみは、隔週の収集が月1回となり、代わりに市内 5ケ所に設けられた「ごみサービス・ステーション」で買取システムがようやく軌道に乗るようになりました。すなわち、ごみを収集日に出すと有料専用袋が必要ですが、いつでも都合の良い日に、ステーションまで持参して細分別して置いてくれれば、ポイントカードにカウントして、お好みの日用品を差し上げると言うインセンティブ制度です。この制度の進展を図りながら、割高な収集経費を抑え、その一部をインセンティブ買取りシステムに当てる、非収集、持ち込み資源化システムを拡大し、ビン、カン、ペットボトル等の低コスト資源化へのスマート・リサイクルを推進し、さらに資源化率を向上させる計画です。

5．その他町田市には、各戸の「生ごみ」を市が収集一括処理しない替わりに、家庭での「生ごみ」処理や機器の故障メンテナンスのための『生ごみサービス隊』の組織が46時中待機して、市民の要請に応える態勢が整っています。なお、各家庭に配られる電動処理機はリース商品で、市からの貸与品扱いです。（未完）

注
1）「ごみ固形化燃料等関係施設の安全対策調査検討報告書」によるとRDF（RPFも含む）等関係施設においては、66施設において操業開始から現在までに79件の発熱・発火事象が発生しているとし、その発生頻度は、5×10^{-2}件／年・施設であり、危険物施設における火災3×10^{-4}件／年・施設を大きく上回りきわめて高いとしている。
2）出席委員は清水委員長以下8名であり、出席説明員は、井藤環境森林部長（当時）、松林循環型社会構築分野総括室長（当時）であった。詳しい協議内容は、「廃棄物総合対策特別委員会　会議録」を参照。
3）筆者は、2006年3月14日に旧榛原町議会の取り組みについて、聞取り調査を実施した。当日は、牧之原市市民生活室の大石雅史主幹と意見交換をすることができ

4) 詳しくは、Murray（2002）、pp.59-61のコラムを参照。
5) 第3回花嫁のれん展は、2006年4月29日〜5月14日の期間に開催された。
6) 筆者は、2006年2月6日に一本杉通りのゼロ・ウェイストの取り組みについて現地調査を実施した。当日は一本杉町の北林会長をはじめ、七尾街づくりセンター株式会社の内山氏、七尾市市民生活部環境課の福田課長補佐をはじめ多くの関係者と意見交換をすることができた。
7) Connet（2003）、pp.7-8。
8) Connet（1999）、pp.3-4。
9) 町田市におけるごみ問題とは、市の北部にある豊かな自然環境を有する小山田地区周辺にごみ処理施設が建設されたことにはじまる。この会の発足には、小山田環境対策連絡協議会の活動が深く関わっている。
10) 2006年5月1日にゼロ・ウェイスト宣言の会より「町田市のごみ政策に関する要請書」が石坂市長あてに提出され、2006年5月22日付け06町企広要第52号「町田市のごみ政策に関する要望書について」と題した公文書として、ゼロ・ウェイスト宣言の会の広瀬代表に回答された。
11) 推奨されている廃棄物発電であるが、廃棄物発電出力規模5,000kW以上の施設を持つ、全国26の自治体アンケート結果によると、廃棄物発電の課題として、発電電力の安定、発電の効率化、燃料であるごみの確保が指摘されており、加えて、タービンや発電機、ボイラーに多額の維持管理費がかかることが明らかになった。詳しくは「日本の廃棄物発電施設ファイル71」を参照。
12)「ダイオキシン対策に伴う一般廃棄物焼却施設の建設費用日本国内における全容と推移の把握調査報告書」（2001）、pp.17-18の「処理能力1tあたりの事業費」より算出。
13) 筆者は、2005年2月17日に熊本県水俣市において分別収集の取り組みおよびクリーンセンターの施設の視察を行った。
14) この点に関しては、若山（2005）を参照されたい。
15) 詳しくは、若山（2006b）を参照されたい。
16) 地域社会のあり方も含めた仕組みづくりに関しては、今里（2003）、岩崎（2003）を参照されたい。
17) 第4のサブ・システムについては、若山（2006a）を参照にされたい。

【引用文献】
Connett, P.（1999）『焼却に代わるごみ処理法』グリーンピース・ジャパン。
（http://www.greenpeace.or.jp/campaign/toxics/zerowaste/report/）
Connett, P.（2003）「世界のごみ政策と日本の焼却主義」『月刊廃棄物』vol.29、No. 343、pp.4-9。
グリンピースジャパン（2001）「ダイオキシン対策に伴う一般廃棄物焼却施設の建設費用日本国内における全容と推移の把握調査報告書」

(http://www.greenpeace.or.jp/campaign/toxics/incineration/documents/incineration_cost_jp_pdf)
今里佳奈子（2003）「地域社会のメンバー」森田他（2003）、pp.153-178。
岩崎恭典（2003）「自己決定の制度」森田他（2003）、pp.109-136。
上勝町産業課（2005）『いっきゅうと彩の里・かみかつ』。
水俣市福祉環境部環境対策課（2004）『環境モデル都市づくり実践事例集～環境とともに生きるくらしをめざして～』。
森田朗・大西隆・植田和弘・神野直彦・苅谷剛彦・大沢真里編（2003）『分権と自治のデザイン　ガバナンスの公共空間』有斐閣。
Murray, R.（2002）*ZERO WASTE*, Green peace Environmental Trust.（グリーンピース・ジャパン訳『ゴミポリシー』築地書館、2003年。）
七尾市市民生活部環境課（2004）『七尾市における環境の現況―いつまでもきれいな環境を―平成15年度』
「日本の廃棄物発電施設ファイル71」『月間廃棄物』vol.27、No.322、pp.2-38。
寺本博美・若山幸則・鈴木章文・濱口高志・大谷健太郎（2005）「循環型地域社会の政策デザイン―徳島県勝浦郡上勝町における「ゼロ・ウェイスト」政策の展開―」『松阪大学地域社会研究所報』第17号、pp.41-63。
寺本博美・若山幸則・鈴木章文・濱口高志・大谷健太郎（2006）「循環型社会の形成と「ゼロ・ウェイスト」政策の展開」『三重中京大学地域社会研究所報』第18号、pp.105-127。
若山幸則（2005）「循環型社会の実現に向けた自治体ごみ処理政策の新たなる展開―「ゼロ・ウェイスト政策」の可能性―」『松阪大学紀要』第23巻、第1号、pp.37-56。
若山幸則（2006a）「ゼロ・ウェイストとリサイクル社会経済システム」『三重中京大学地域社会研究所報』第18号、pp.59-78。
若山幸則（2006b）「社会的費用論から見たゼロ・ウェイスト政策―「責任」と「費用負担」の制度的視点より―」『三重中京大学研究フォーラム』創刊号、pp.37-54。

【参考サイト】*
三重県ごみゼロホームページ
　http://www.eco.pref.mie.jp/gyousei/keikaku/gomizero/
三重県議会　http://www.pref.mie.jp/GIKAIS/kengi/gikai.htm
牧之原市　http://www.city.makinohara.shizuoka.jp/
お茶の北島屋（一本杉通り）　http://www7.ocn.ne.jp/~kita3079/index.htm
七尾市　http://www.city.nanao.lg.jp/
町田発・ゼロ・ウェイスト宣言の会―もったいないから始める私のくらし
　http://www.geocities.jp/machida_zerowaste/home/home.html
町田市　http://www.city.machida.tokyo.jp/

＊2006年8月28日現在

第6章 バイオマスエネルギーを活用した地域内循環

濱 口 高 志

1 はじめに

　1973年の石油ショック以降、わが国では省エネ化を進めたが、1980年代半ばから、石油価格の低下と快適さを求める生活スタイルの定着などによりエネルギー使用量が増加してきた。また、全世界の石油の残存量があと40年分ともいわれている。さらに中国・インド等の途上国の経済発展にともない、石油の消費量は増大するため、石油が枯渇する時期はもっと早くなるおそれがある。

　また、石炭・石油などの化石燃料は、燃焼時に二酸化炭素（CO_2）を排出することから、これに代わるクリーンな新エネルギーが求められるようになってきた。近年ではむしろ二酸化炭素（CO_2）低減のほうが重要視されている。化石燃料に代わる新エネルギーとしては、太陽光、太陽熱、風力、マイクロ水力[1]、バイオマス等の自然のエネルギーを利用したものと、水素を利用した燃料電池、ゴミを集めて発電する廃棄物発電などがある。

　日本では、新エネルギーが1次エネルギー[2]に占める割合は4.8%にとどまっており、政府ではこの割合を2010年度には約7%にまで引き上げる計画である[3]。2006年3月の資源エネルギー庁の発表では、7%の内訳としてバイオマスエネルギーの導入量は太陽光・風力に比べ格段に大きくなる見通しである。

　バイオマスは全国に広く薄く分布しており、特に農山漁村には未利用資源が

多い。また、農林水産業の不振と過疎化に悩む地方にとってバイオマス活用は地域活性化の手段として有効である。政府も「バイオマスタウン構想」や「環境と経済の好循環のまちモデル事業」等を募集し、バイオマス導入の支援に積極的である。これにより各地での取り組みが活発化した。特に木質バイオマスについての取り組みが目立っていることから、その先進事例を調査し、今後の地域内循環のありかたについて考察する。

2　バイオマスエネルギーの現状

2.1　バイオマスとは

　バイオマスは、バイオ（bio=生物）とマス（mass=量）の合成語である。バイオマスエネルギーとは、バイオマスから得られるエネルギーであり、自然界の循環型エネルギーである。木材、海草、生ごみ、紙、動物の死骸・糞尿、プランクトンなど、化石燃料を除いた再生可能な生物由来の有機エネルギーや資源のことをいう。燃焼時に二酸化炭素の発生が少ない（カーボンニュートラル）自然エネルギーとして注目されている。その具体的な例として、マキや動物のフンを燃やすといった伝統的なものから、さとうきびやとうもろこしをエタノールにして車の燃料としての活用、ごみ発電までさまざまなものがある。いずれもバイオマスに含まれる炭素や水素を、発酵・分解・燃焼することによってエネルギーを取り出すものである。

　バイオマスの種類は、表6-1に示すように、木質系、建築廃棄物系、農業・畜産・水産系、食品産業系、生活系、製紙工場系に分類される。木質系には林地残材、製材廃材等がある。農業・畜産・水産系には稲わら、もみ殻、麦わら、家畜糞尿、漁業残さ、さとうきび、とうもろこし、小麦、菜種油、パーム油等がある。食品産業系には食品廃棄物、食品産業排水、水産加工残さ、バガス等がある。生活系には下水汚泥、し尿、生ごみ等がある。製紙工場系には黒液、廃材、古紙等がある。

表6-1　バイオマスの種類

乾燥系	木質系 　林地残材 　製材廃材	建築廃棄物系 　建築廃材（主に木質）	農業・畜産・水産系 　農業残さ 　　・稲わら
湿潤系	食品産業系 　食品廃棄物 　食品産業排水 　水産加工残さ 　バガス	生活系 　下水汚泥 　し尿 　生ごみ	・もみ殻 　　・麦わら 　バガス（さとうきびの搾りかす） 　家畜糞尿 　漁業残さ
その他	製紙工場系 　黒液（廃液）・廃材 　古紙	廃食用油	糖・でんぷん 　・さとうきび 　・とうもろこし 　・小麦 菜種油、パーム油

出所：高田他（2005）、p.27

2.2　日本におけるバイオマスの取り組み状況

　わが国では、2002年12月に「バイオマス・ニッポン総合戦略」が閣議決定され、バイオマスを活用して地球温暖化の防止、競争力のある新たな戦略産業の育成、農林漁業・農山漁村の活性化を進めようとしている。
日本におけるバイオマスの賦存量と利用状況を図6-1に示す。

　バイオマスの年間発生量は約2億4,000万tであるが、その3分の1にあたる約8,000万tが未利用である。家畜排せつ物、パルプ廃液、製材工場等残材等は発生場所が集中しており回収の手間がかからないため、利用率が高くなっている。逆に廃棄紙、林地残材、農作物非食用部等は広く薄く分布しており、回収の手間がかかるため、利用率は低くなっている。これらをいかに効率的に集めるかが課題となっている。

　地域におけるバイオマスの利活用の推進を図るため、政府においては、2004年から、市町村が中心となって域内の廃棄物系バイオマスを炭素換算で90％以上、または未利用バイオマスを炭素換算で40％以上利活用をするシステムを有することを目指すバイオマス利活用の構想を作成し、その実現に向けて取り組

図6-1　日本におけるバイオマスの賦存量と利用状況

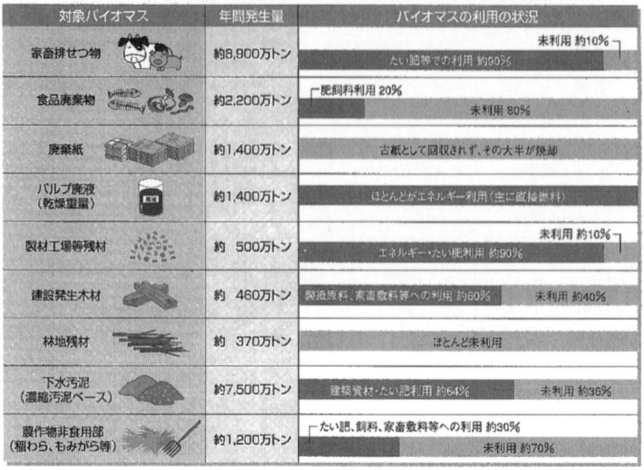

対象バイオマス	年間発生量	バイオマスの利用の状況
家畜排せつ物	約8,900万トン	たい肥等での利用 約90%／未利用 約10%
食品廃棄物	約2,200万トン	肥飼料利用 20%／未利用 80%
廃棄紙	約1,400万トン	古紙として回収され、その大半が焼却
パルプ廃液（乾燥重量）	約1,400万トン	ほとんどがエネルギー利用（主に直接燃料）
製材工場等残材	約500万トン	エネルギー・たい肥利用 約90%／未利用 約10%
建設発生木材	約460万トン	製紙原料、畜舎敷料等への利用 約60%／未利用 約40%
林地残材	約370万トン	ほとんど未利用
下水汚泥（濃縮汚泥ベース）	約7,500万トン	建築資材・たい肥利用 約64%／未利用 約36%
農作物非食用部（稲わら、もみがら等）	約1,200万トン	たい肥、飼料、畜舎敷料等への利用 約30%／未利用 約70%

出所：農林水産省　バイオマス・ニッポン総合戦略のホームページ

む「バイオマスタウン」の構築を推進している。バイオマスタウンとは、域内において、広く地域の関係者の連携の下、バイオマスの発生から利用までが効率的なプロセスで結ばれた総合的利用システムが構築され、安定的かつ適正なバイオマス利用が行われているか、あるいは、今後行われることが見込まれる地域をいう[4]。2006年6月現在では、53地域の構想が公表されている（表6-2）。

　現在の公表結果では、北海道地方、東北地方、関東・甲信越地方、九州地方での公表が目立っているが、本州西部では少ない。特に東海地方はゼロとなっており、地域による取り組み姿勢に大きな差が出ている。また、それぞれの構想のなかで使用するバイオマスの種類は、圧倒的に木質が多く、全53地域中34地域で採用されている。次いで畜糞が16地域、生ごみが13地域の順で採用されている（図6-2）。林業離れによる森林の荒廃、それにともなう保水力の低下のための対策（災害対策）から、木質バイオマス活用に対する関心の高さがうかがわれる。

第6章　バイオマスエネルギーを活用した地域内循環　131

表6-2　地域別バイオマスタウン構想講表件数

地方	都道府県	合計件数	件数/都道府県	都道府県							
北海道地方	1	8	8.0	北海道	8件						
東北地方	6	12	2.0	青森県	2件	岩手県	2件	宮城県	1件	秋田県	1件
				山形県	5件	福島県	1件				
関東・甲信越地方	9	10	1.1	茨城県	0件	栃木県	0件	群馬県	1件	埼玉県	0件
				千葉県	2件	東京都	1件	神奈川県	1件	山梨県	2件
				長野県	3件						
北陸地方	4	6	1.5	新潟県	2件	富山県	0件	石川県	1件	福井県	3件
東海地方	4	0	0.0	岐阜県	0件	静岡県	0件	愛知県	0件	三重県	0件
関西地方	6	4	0.7	滋賀県	1件	京都府	1件	大阪府	0件	兵庫県	2件
				奈良県	0件	和歌山県	0件				
中国地方	5	3	0.6	鳥取県	1件	島根県	0件	岡山県	2件	広島県	0件
				山口県	0件						
四国地方	4	2	0.5	徳島県	0件	香川県	0件	愛媛県	0件	高知県	2件
九州地方	8	8	1.0	福岡県	1件	佐賀県	0件	長崎県	1件	熊本県	2件
				大分県	1件	宮崎県	1件	鹿児島県	1件	沖縄県	1件

出所：農林水産省　バイオマス利活用推進のためのホームページ

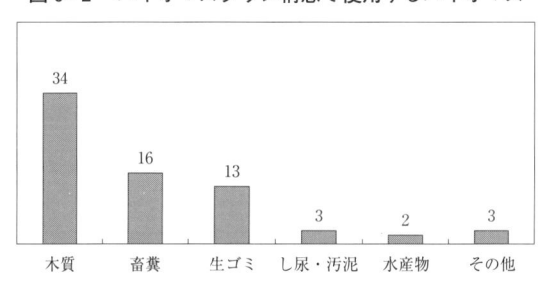

図6-2　バイオマスタウン構想で使用するバイオマス

木質	畜糞	生ゴミ	し尿・汚泥	水産物	その他
34	16	13	3	2	3

出所：農林水産省　バイオマス利活用推進のためのホームページより作成

2.3　世界におけるバイオマスの取り組み状況

アメリカでは、麦わらやさとうきびの搾りかすからバイオテクノロジーを使って2003年に自動車用の燃料を開発・出荷した。この技術によれば、生ごみ

などからも燃料が生産でき、将来的には、現行ガソリン消費量の4分の1に相当する燃料をバイオマスで生産できるという。

2005年8月に米国で成立した「2005年エネルギー政策法（包括エネルギー法）」は、年間消費量約5億5,000万kℓのガソリンの代替燃料として、2006年に1,512万kℓ、2012年に2,829万kℓのバイオ燃料を使用する目的を掲げた。

ブラジルでは、オイルショックを契機に1970年代から国策として燃料用エタノールの生産をしており、ガソリンに25〜30％のエタノール添加を義務づけている。そのため、現在ではエタノールの生産高は世界の40％近くを占めている（高田他（2005））。このように、南北アメリカでは、さとうきびやとうもろこしの生産量が多いことも影響し、また自動車大国ということもあり、バイオエタノールがバイオマス利用の中心となっている。

スウェーデンでは、豊富な森林資源を背景にバイオマス利用は盛んで、2002年のエネルギー供給に占める新エネルギーの割合は18％にのぼっている。その新エネルギーの90％をバイオマスが占めている。注目を集めているものは、あらかじめ燃すことを目的に栽培している「サリックス草」で、草というよりも高さ5メートルにもなる潅木である。発熱・発電のための木質バイオマス原料として農家が栽培しており、ヨーロッパ各地での栽培も普及してきた。

ドイツでは、バイオマスは1次エネルギー消費の1.4％を占めており、バイオマス発電容量は2001年段階で35万kwに達していると推定されている。そのうちの3分の2はゴミ発電で、次に多いのが木屑や廃材を利用したものでバイオマス発電の約20％を占めている（バイオマスQ&A-環境gooのホームページ）。

ヨーロッパでは木質バイオマス発電がバイオマス利用の中心となっている。

3 日本における木質バイオマスエネルギーの利用事例

3.1 山口テクノパーク

新エネルギー・産業技術開発機構（New Enegy and Industrial Technology Development Organization：以下 NEDO と略す）の2002年度バイオマス未活用エネルギー実証実験事業にて、山口県は山口テクノパーク内の製材工場（企業組合ホーメック）に、木質バイオマスガス化発電施設（写真6-1）を建設した。施設は中外炉工業株式会社製の間接式ガス化発電である。1日5tのチップを処理でき、176kw の発電能力を持つ。ただし、本施設は実証実験設備であるため、ガス化炉は1日14tのチップを処理できる規模のものを建設した。

本ガス化炉は外熱式多筒型キルン方式を採用している。8本の円筒があり、それを回転させながら、空気を入れず外部から加熱し、バイオガスを発生させる。間接式ガス化により高カロリーのバイオガスを得ることができる（図6-3。後述の葛巻町の施設は「直接式ガス化」を採用している）。また円筒型の炉を回転させながら加熱することにより、燃料の形状が均一でなくても、一旦炉に入れば、安定したガスを発生することが可能である。もうひとつの特徴はタール除去装置である。バイオガス中のタールを超高温で熱分解することによ

写真6-1　木質ガス化バイオマスプラント（山口テクノパーク内）

出所：中外炉工業株式会社のホームページ

図6-3　間接式ガス化と直接式ガス化の違い

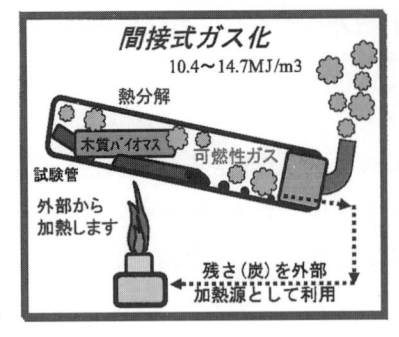

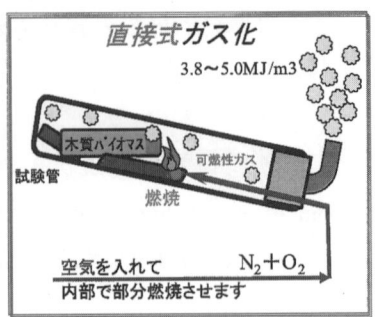

出所：中外炉工業株式会社のホームページ

り、99.97％を除去している。

　木質バイオマスガス化発電において、キーとなる技術は発生するガス中のタール除去である。タールが発電機のエンジン内に入るとバルブが詰まりエンジンが破損する。このため定期的にタール除去を行う必要がある。現在、先進地である北欧での標準連続運転時間は200時間である。年間8,000時間稼働するとなると、年間40回もタール除去をする必要があり、総メンテナンス費用の80％を占める。このため発電コストが上がり、30円／kw程度必要となる。事業所では、電力会社から約20円／kwで買電しているため、採算があわない。ヨーロッパでは、クリーンエネルギーを全量電力会社が買い取る法律があり、また消費者もクリーンエネルギーを高く買う風土ができているため、成り立っているが、日本ではそうはいかない。

　本施設は現在1,500時間連続運転中である。このレベルであると発電コストは、7円／kwとなる。しかし現在の日本の電力会社ではRPS法[5]の基準を満足しているところも多く、現在の相場は5円／kw以下となっている。中外炉工業株式会社では都市ガス並の3,500時間連続運転を目指している。ここまでくると発電コストは、3～5円／kwに下がり、採算が合うようになるのである（図6-4）。

第6章 バイオマスエネルギーを活用した地域内循環　135

図6-4　連続運転時間と発電コスト

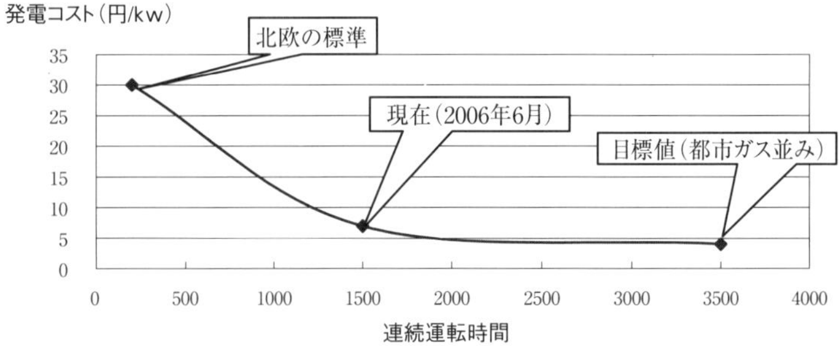

発電コスト(円/kw)

ラベル：北欧の標準／現在(2006年6月)／目標値(都市ガス並み)

横軸：連続運転時間

出所：中外炉工業株式会社からの聞き取り調査により作成

　当製材工場では800kwの電力を使用しているため、発電した電力は全量使用されている。また発電時に発生する熱量も材木の乾燥に使用しているため、無駄が生じていない。燃料は製材所内で発生するおがくずと間伐材のチップを使用している。おがくずはパイプラインで炉へ投入している。間伐材は移動式チッパーを使い林地近くでチップ加工し、1m³袋に入れ炉まで運ぶ。山口県では2005年4月から森林環境税[6]として一人年間500円を徴収している。企業負担分も合わせ、年間3億8,000万円の財源を確保しており、間伐材の切り出し・運搬の費用に充当している。

　チップをガス化炉で処理すると、85%がガスとなるが、14%の炭と1%の灰が発生する。炉の加熱温度を低くすることで、ガスを発生させず炭を作ることもできる。夜間は電力需要が少なく、売電単価も安いため、発電はせず、加熱温度を低くして炭を作るという運用も可能である。この炭はリン・カリを含んでいるため、良い肥料となる。発電する場合には、炭は燃やし燃料とすることができるため、あとには灰しか残らない。よって1%にまで減量したことになる。この灰についても、有害物は含まれておらず肥料として活用できると考えられ、現在実証実験中である。

　本施設はガス化発電施設自体も先進的であるが、材料収集から発生電力および熱量の使用まで含めたトータルシステムとしても優れた事例であるといえよ

う。そのため、ここ山口テクノパークには、視察・見学者が多い。2003年9月から2006年5月までの約2年半の間に1,954人の見学者があった。月平均61人となっている。現在では稼働・メンテナンスの関係で見学日を月に3回と限定している。見学者数は、地方自治体・省庁関係[7]が一番多く、次いで大学・学識経験者・コンサルタント・NPO、民間会社の順になっている。地域別にみると、地元の中国地方が42％と一番多く、次いで九州地方が12％、近畿地方が11％、関東地方が10％となっている。省庁関係は全体の7％であり、海外からの視察も5名（0.25％）ある。この見学自体においても、地域での消費（交通費、宿泊費、飲食費等）が生まれ、地域活性化の一助となっている。

3.2 岩手県葛巻町

葛巻町の人口は約9,000人、世帯数は約3,000世帯であるが、町内で約17,200世帯分（22,407kw）の電力を発電している。その内訳は、風力発電15基（写真6-2）で22,000kw、太陽光発電50kw、畜産バイオマスガス発電37kw、木質バイオマス発電120kwである。総費用は57億1,000万円であるが、ほとんどを国、およびNEDOの補助金やプラントメーカーの投資でまかない、町の投資額はわずか6,500万円である。これらの施設は第3セクターで運営しており、

写真6-2　葛巻町の風力発電施設

出所：葛巻町のホームページ

他の事業も含め年間約5,100万円（2005年度）の利益を生み、170名の雇用を確保している。葛巻町では電気以外のエネルギーも含め「エネルギー100％自給」を目指している。

初期の風力発電（1999年、発電量1,200kw×3基、総工費3億4,000万円）は、11円／kwで東北電力株式会社と売電契約したが、2期目の風力発電機（2003年、発電量1,750kw×12基、総工費47億円）は、9.5円／kwと値段が下がった。

そして今では、売電価格は5円／kw以下に下がっている。これはRPS法での目標値を東北電力株式会社がクリアーしているため、割高なクリーンエネルギーを買う必要がないためである。また、エネルギーが風まかせであるため、電力会社は嫌がる。電力会社としては、安定供給を望んでいる。このため、蓄電設備を設置するよう要求されているが、膨大な費用がかかり、ますます採算性が悪化するので、実施されていない。北海道電力株式会社、九州電力株式会社も同様の状況にあり、現在ではRPS法をクリアーできてない関西電力株式会社には9円／kw程度で売れる。

木質バイオマス発電に関しては、町内の葛巻林業株式会社[8]で製造されるチップを燃料としている。葛巻町の木は、ほとんどが、ぶな・なら等の広葉樹であり、パルプ用に加工される。そして樹皮はペレットに加工される。杉・ひのき等の針葉樹は少なく、町内での建築物も少ないため、町内に建材用の製材所は無い。

このシステムは月島機械株式会社製で、直接式ガス化を採用しており、発電機はマン社のV型12気筒12,000cc　出力120kwである。エンジン自体は山口テクノパークと全く同じものを使用している。

燃料となるチップは乾燥してないため、約50％の水分を含んでいる。まずこれを発電時に発生する熱を利用して15％まで乾燥させる。そして、このチップを蒸し焼き（酸素不足状態）にして可燃性ガス（メタン、一酸化炭素、水素）を作り、そのガスで発電機を稼働させている（図6-3「直接式ガス化」）。

写真6-3　葛巻町の自前の電線

（著者撮影）

　このシステムを稼働させるために15kwの電力を消費し、残り電力は近くの第3セクターくずまき高原牧場（ホテル、チーズ工場、体験牧場等）へ供給している。ただし、くずまき高原牧場では100kwの電力は必要ないため、発電機はフル稼働していない。現在はまだ実証プラントであるため、月島機械株式会社の社員が駐在し、データ取りを行うために頻繁に設備を止めているためである。計画では1日15時間稼働であるが、現在は8時間しか稼働させていない。それでも電力は余るため、抵抗を噛ませて捨てているとのことである。現在、東北電力株式会社へ売電する方向で検討している。

　くずまき高原牧場への電力供給のために自前の電線を設置しているので、余分なコストがかかっている。道路の反対側には東北電力株式会社の電線が走っており、なんとも無駄なことである（写真6-3）。売電する場合には電力会社の電線を使用できるが、自己消費する場合は電力会社の電線を使用できない。構内に発電機と電力を消費する施設があれば問題ないが、離れた場所にある

と、電力会社の電線は使用できず、自前の電線（電柱）が必要となる。このため、コスト高となるが、5円／kwで売電し、20円／kwで買電していては意味がない。現行の制度の欠陥といえよう。今後、日本でもヨーロッパ並み（単価、量）のクリーンエネルギーの買取りに関する法律の制定が待たれる。

葛巻町の木質バイオマスガス化発電施設はコンパクトで風景にマッチしているが、運用面で課題が残る。燃料のチップに製品（パルプ）を使用しているため、購入単価が20,000円／tかかっている。また、発電施設内でエネルギーを使用していないため余分な送電コストがかかっていること、また送電先でも電力を使用しきれていない（出口が無い）ことが課題としてあげられる。

チップを供給している葛巻林業株式会社では、約20年前に原油価格が高騰したとき、国の補助等もあり、代替え燃料としてペレット生産を開始した。その後、原油価格が下がったため、国・民間とも代替え燃料から離れていった。当時全国に30箇所近くのペレット工場があったが、ほとんどが撤退し、葛巻林業株式会社を含め3社だけが生産を継続した。岩手県内では葛巻林業株式会社だけである。葛巻林業株式会社が撤退しなかった理由は、近くに温水プール等のペレットを燃料とする施設（顧客）が4箇所あり、供給責任を全うするためであった。しかし現在では、原油価格の高騰・地球温暖化防止・バイオマス・ニッポン総合戦略の影響で、クリーンエネルギーが脚光を浴びてきており、ペレット工場も全国で13箇所に増えた。

現在ではペレットが見直され需要は増えている。葛巻町内の老人養護施設ではペレットボイラーを設置した。また、県も岩手型ペレットストーブの普及に力を入れているため需要が増え採算ベースに乗るようになった。ペレットボイラーと石油ボイラーの値段を比較すると、石油ボイラーが1,000万円で設置できるのに対し、ペレットボイラーは4,000万円かかる。しかし国の補助金が50％あるため、差額は1,000万円となった。この差額1,000万円は燃料費・メンテナンス費用等のランニングコストの差により7年で償却できるため、採算があうのである。このように単体施設だけでなく地域ぐるみでバイオマス利用を

促進する体勢が整っており、住民の意識も高いことが地域内循環に良い影響を与えているといえよう。

3.3 徳島県上勝町

平成15年9月議会にて、上勝町は2020年（平成32年）までにごみをゼロにするというゼロ・ウェイスト宣言を実施した。現在同町のリサイクル率は80％となっており、全国平均の14％を大きく引き離している。ゼロ・ウェイストを広義に解釈すると、大気中に放出される地球温暖化ガスの削減も含まれ、上勝町にとって環境負荷の少ない新しいエネルギーを創出することは、ごく自然な成り行きである。

第4章の2.2で既述したように、上勝町は総面積109.68km^{2}のうち山林が93.75km^{2}と85.5％を占め、木質バイオマス資源が豊富である。伐採された樹木の全体積のうち、丸太として搬出される部分は60％といわれ、残りは林地内や土場周辺に放置されているものと推定される。この量は約1,200m^{3}にのぼり、全く資源として利用されていないという状況であった。間伐および製材等により発生する未利用木材や端材等を原料にすることは、林業および製材業の支援にもつながり、産業振興の一助ともなる。

一方、エネルギーの供給先については、第3セクター株式会社かみかついっきゅうの月ヶ谷温泉が考えられた。月ヶ谷温泉には年間でA重油210kℓが必要である。これを木質バイオマス換算すると、合計630tのチップが必要となる。上勝町で伐採される木材のうち、端材は年間約360t、間伐材は年間約480tと推定され、利用できる木質バイオマスは約840tとなっている。この量は、月ヶ谷温泉のエネルギーを賄なうのに十分な量である。

このような背景のもと、平成16年度「環境と経済の好循環のまちモデル事業」の対象地域に選ばれ、国の補助を受け、本事業に取り組むこととなった。

上勝町では、木質チップボイラー2基、チッパー1基を導入した。筆者らが聞き取り調査を実施した2005年11月時点では月ヶ谷温泉で250kwのボイラー

写真 6 - 4　月ヶ谷温泉のボイラー

（著者撮影）

が1基稼働している（写真6-4）だけであった。しかしその後、2006年には500kwのボイラーとチッパーが設置された。このボイラーは、熱供給だけで発電システムは備えていない。当温泉は冷泉であるため、熱は温泉を沸かすために使われている。また上勝町で、バイオマス利用におけるシステムづくりに関する調査や検討を行うために、町長の人脈から大学教授、企業関係者、NPO的な研究会の方などで構成される「上勝町バイオマス利用促進協議会」という勉強会を作った。本システムは小規模で、発電機能も持たず、人口2千人の上勝町にとって、まさに身の丈にあったシステムといえよう。

3.4　バイオマス発電のシステム化事業モデル事業

　2005年度にNEDOはバイオマス発電のシステム化事業のモデル事業を募集した。100％NEDOが費用負担するということで、全国で39自治体からの応募があった。事業に関して「実用化レベルに達しているもの」「発電施設単体ではなく、川上（資源の回収）、川下（エネルギー利用）まで検討されていること」という条件があった。これらは2006年度末（2007年3月）までに稼働する必要があり、実証段階のものは対象外となったため、実績のある中外炉工業株

写真6-5　実験中のわら　　写真6-6　足場を設置し実験中

（著者撮影）

式会社製のシステムが2件採用された。

　採用されたものは全部で7件の事業で、その内訳は、畜産バイオマスガス発電が4件、木質バイオマス発電が3件となった。この3件のうち、1件は高知県に川崎重工株式会社製の大型の直接燃焼方式のものが採用されたが、残り2件は中外炉工業株式会社製の木質バイオマスガス化発電である。

　そのうち1件は岩国市の木質バイオマスガス化発電施設である。燃料は杉・檜・竹等の林地未利用材を使い、1日の処理能力は8.5t、発電能力は121kwで、宿泊施設に設置される。宿泊施設では、熱を給湯（風呂、厨房）に使用できるため、発生したエネルギーは全て施設内で消費される。

　もう1件は阿蘇市の木質バイオマスガス化発電施設である。燃料にはすすき等の草類を使う。阿蘇では牧草地の草は春から夏にかけては牛の飼料となるが、秋から冬の間は焼いている。これを燃料として利用しようというものである。1日の処理能力は6t、発電能力は130kwで、温水プール・デイサービス施設で利用する。ここでも発生したエネルギーは全て施設内で消費される。

　筆者が山口テクノパークに視察調査を実施した時は、ちょうどすすきを燃料にした実験を実施中であったため、わらを炉に投入するために足場が組まれていた（写真6-5および6-6）。中外炉工業株式会社のシステムの特徴は、炉が回転するため、燃料の大きさが不均一であっても、炉の中に燃料が入ってしまえば、安定してバイオガスを発生することが可能である。しかし、すすきは

チップと違いかさばり、小さく分離しないため、炉までの投入方法に工夫が必要とのことであった。現在山口テクノパークでは、チップとおがくずが燃料となっているため、この問題は発生していない。

4　三重県における木質バイオマスの取り組み状況

4.1　先駆者津市美杉町 信栄木材

　木質バイオマスエネルギー利用は、最近注目されているが、決して目新しい技術ではなくその歴史は古い。マキ、炭を燃やしての熱利用は言うに及ばず、木質バイオマスガス利用についても木炭車として戦前から利用されていた。

　おがくず・木屑のガス発生炉は1919年頃に開発されたものと推定される。1937年～1950年は物資入手困難期で、動力不足の製材工場では自家生産のおがくずと木屑を燃料にしたガス発生炉が使われていた。信栄木材での木質バイオマスガス利用の歴史は古く、バイオマスガスで1気筒エンジンを動かし、フライスの動力としていた。当時は発電をしておらず、エンジンの回転力をベルトでフライスに伝達するといった利用方法であった。また、当時は技術レベルが低く、安全対策も不十分であったため、火災や事故が発生していたという。

　信栄木材では従来のものに改造を加えて、1981年に自家発電装置として木質バイオマスガス化発電施設を開発した。これは炉で発生したガスで発電機（出力50kw）を稼働させ、発電した電力で製材所内のフライス等の動力をまかない、発電時に発生する熱で製材を乾燥させるというコジェネレーションシステムであった。1号炉は直径4m高さ3.8mで、コンクリート施工されており、断熱壁には山砂を用い、耐火性と耐熱性を持たせている。断熱性が高いので長時間の休止後も再始動が容易であり、吸引ガス発生炉なので安全性も高い（清水他（1987））。しかし、負荷に比べ炉本体が大きく建設コストが高く、設置スペースも大きいということや、水分の多いおがくずを投入すると、炉内でしばしば塊状の棚ができてガス発生量に変動が生じるという欠点があった。

写真6-7 稼動中のガス発生炉　　写真6-8 破損したエンジン

(著者撮影)

　この欠点を除くため、炉の改良を行い現在も稼働中である（写真6-7）。ただし、発電機は破損したため稼働しておらず、現在ではガスを燃焼させ製材乾燥のための熱利用だけを行っている。循環型除塵サイクロンにより、ガス中のタール分および粉塵を分離・除去し再び炉内へ還元しているが、完全にはタール除去ができず、発電機内に入り込みバルブが詰まりエンジンが破損したのである（写真6-8）。古くから利用されていたエンジンは大きく構造も単純であり、メンテナンスもやりやすかったが、現在のエンジンは機構が精密なため、バルブが詰まりやすい。このため、より高度なタール除去が必要となっている。
　1980年頃は省エネブームであり、本施設に関しても国から50%の補助を受けた。その後、原油価格が下がり、省エネブームは去ったが、製材所内で発生するおがくず（3～4m^3／日）だけを原料としており、灯油代が不要となるため、継続して稼働させている。ただし発電機を稼働させるには大量の原料が必要であり、エンジンのメンテナンスも要する。したがって稼働再開には今後のエネルギー価格や環境政策の変化をふまえ、慎重な判断が必要である。

4.2　近年における三重県での主な取り組み

　三重県においては、廃棄物系木質バイオマスの熱利用を中心に民間を主体として取り組みが進められているが、森林整備の推進や地域経済の活性化、地域

表6-3 三重県におけるバイオマスエネルギー利用基本モデル

分類		基本モデル事業名
小規模地域		①地域生ごみによるバイオガス理容モデル
		②木質ペレット利用モデル
		③小規模ガス化熱電利用モデル
		④廃食油BDF化設備導入モデル
大規模地域 (広域事業)	唐植物性残渣中心	⑤家庭系生ごみの広域収集バイオガス利用モデル
		⑥産業系動植物残さ収集バイオガス利用モデル
	木質中心	⑦木質バイオマスの直接燃焼発電・熱電利用事業モデル
		⑧バイオエタノール利用モデル
	下水汚泥集積	⑨バイオソリッド利用モデル
	動植物性残渣、木質がバランスして賦存	⑩動植物性残さと木質バイオマスを利用する総合リサイクル施設モデル

出所:三重県バイオマスエネルギー利用ビジョンのホームページ

資源の有効利用などの観点から、間伐材等の未利用資源のエネルギー利用に取り組もうとする市町村等が増加してきている。この流れを受け、三重県では2000年3月に「三重県新エネルギービジョン」を策定し、新エネルギーの計画的な導入に努めている。今後地域資源であるバイオマスを有効活用して、バイオマスエネルギーの利用普及を積極的に促進するため、県内の各種バイオマス資源の把握とその効率的なエネルギー利用の方向、2010年度の導入イメージ、利用普及の戦略などを明らかにしたバイオマスエネルギー利用ビジョンを策定した。三重県におけるバイオマスエネルギー利用基本モデルは、表6-3に示すとおりである。

三重県内の代表的な先進実施事例として、井村屋製菓株式会社のメタン発酵バイオガス実証プラント、二見町における廃食油BDF燃料利用の取り組み等があげられる。

4.3 松阪市ウッドピア木質バイオマス利用協同組合

松阪市においても、木質バイオマスの導入が検討されている。松阪市内には

写真6-9 木質バイオマス施設建設が予定されている辻製油株式会社

（著者撮影）

約60社の製材所があり、日々50～60tの樹皮や端材が発生しており、製材所はこの処理に困っている。徳島県上勝町の製材所は4社しかなく、松阪市では上勝町の数倍規模の施設が必要となる。

　当初松阪市は、NEDOの100%補助により、木質バイオマスガス化発電施設を検討していた。発電施設を温泉施設・飯高駅の隣に設置し、熱を温泉に、電力を飯高地域振興局と飯高駅に供給する予定であった。しかし、NEDOの予算が半減したため、発電施設の規模を縮小しなければならなくなった。縮小された規模の発電施設では、日量20tの材料しか処理できない。これでは樹皮・端材の処理もできないばかりか、損益分岐点にあたる日量30tを下回り、赤字運営となる。こういった背景で、本事業を断念した。

　しかし、松阪市嬉野新屋庄町の辻製油株式会社が別に木質バイオマス発電施設を計画していることがわかった（写真6-9）。これは、表6-3の(7)木質バイオマスの直接燃焼発電・熱電利用事業モデルにあたり、国（林野庁）の補助事業である。辻製油株式会社では、二酸化炭素削減のためにバイオマスエネルギー利用を検討していたが、重油価格の高騰が、計画が後押しした。辻製油株式会社の必要エネルギー量を賄うためには、日量120tの木材が必要となる。これはたいへんな量であり、安定的な原料の調達が課題となる。飯高での木質

バイオマス発電を断念した松阪市は、本計画を三重県から聴取し、樹皮・端材処理の必要性から、本事業に参入することとなった。

辻製油株式会社と、松阪市木の郷町のウッドピア松阪協同組合、その組合員で構成される「バイオマス燃料拠点整備研究会」に松阪市も参入し、「ウッドピア木質バイオマス利用協同組合」を結成し、本事業を行うこととなった。

まず、製材業社と林業者の中間地点にあるウッドピア松阪内にチップ工場を建設する。日々の必要量120tの木材には、60tを製材所から出る樹皮・端材・おがくず、12tを山から出る未利用間伐材等、48tを建築廃材をあてる。発電所は実際に電力・熱を消費する辻製油株式会社内に建設する。発電量は1600kw（日量38,400kw）で、熱利用にて12t（日量288t）の蒸気を使用できる。発電量の約2割は余剰電力となるため、中部電力に売電する計画である。なお本事業の事業費は約15億円で、国50％、県5％の補助を受け、2008年10月稼働予定である。

本事業は民間主導のものであり、森林が多く製材業が盛んな地域の特性をよく生かし、環境面にも配慮した、優れた事業である。原料調達から消費までを地域内で行われる循環型地域社会のモデルとなるであろう。

5　おわりに

事例に示したようにバイオマスエネルギーは、その地域で処分に困っているものや使用されていないバイオマス資源をうまく活用し、利用している。問題は、その量である。一箇所にまとまって資源があれば収集の手間がかからないが、広い範囲に分布していると収集コストが発生エネルギー以上にもなりうる。

また、エネルギーを効率的に利用しようと思えば、コジェネレーションで、電力と熱量を利用しなければならない。発電した電力も電力会社へ売電すると単価が安く採算があわず、また発電施設から離れた所で消費するには送電費用

がかかりロスが多い。このような条件を満たす施設は、そう多くないのである。

　バイオマス利用のなかで最優先に取り組まなければならないのは、林地残材の利用である。間伐材を排出するのに現在15,000円／tかかるため、林地に放置され、保水力が低下し、災害時に流され被害が大きくなっている。木質バイオマス発電での燃料費の低下による電力コストの低下分と電力会社からの買電価格の差額を森林保全に使うことにより、地域で資源・経済が好循環できる。さらに、これだけでは間伐材の排出費用をまかなうのは難しいと考えられるため、森林環境税の導入（全国展開）も待たれる。

　また、バイオマスエネルギー利用は地域に新たな雇用も産み出す。葛巻町においては、自然エネルギー事業を中心とした第3セクターで170人の雇用を産み出している。人口9,000人の町の規模からすると、この170人という人数は公務員数に匹敵する。就業機会に乏しい農林業中心の町の活性化に重要な役割を果たしており、若年者の流出による過疎化・高齢化の歯止めともなっている。

　上勝町も同様である。上勝町は日本一の「ゼロ・ウェイスト」の先進地でもあることから、外部からの流入者も呼び込んでいる。また、高齢者もやりがいのある仕事を通して、いきいきと暮らしている。

　また、先進的な取り組みは、視察や見学の対象となる。外部からの来訪者があれば、その地での消費が生まれ地域が潤うのである。このようにバイオマス利用は、まさしく環境と経済の好循環が実現しているのである。

　事例を紹介したように、中山間地での木質バイオマス利用による地域内循環については、一定の方向性が出てきたようである。畜産に関しても、畜糞を発酵させたバイオマスガス発電や堆肥化が実用化されている。しかし、漁村や農地での地域内循環については、まだ有効な方法が確立されておらず、今後の検討課題である。

注

1）水路などの落差を利用した小規模な水力を発電等に利用する。京都・嵐山や山梨県都留市などに先進事例がある。
2）原油、石炭、天然ガス、ウラン、水資源など、自然界にそのまま存在し、エネルギー源となるものをいう。
3）資源エネルギー庁のホームページ
4）「バイオマス・ニッポン総合戦略」2006年3月31日閣議決定。
5）電気事業者に一定量以上の新エネルギー等による電気の利用を義務づける「電気事業者による新エネルギー等の利用に関する特別措置法」を指す。2002年6月公布。2003年4月施行。
6）森林の持つ水源涵養、水質の改善、土砂災害の防止などの公益的機能をその地域住民が享受していることに基づいて、地方自治体がそれらの機能の低下を防ぐために森林整備を行い、その費用負担を地域住民に求める手段としての環境税をいう。高知県が2003年4月より施行。
7）省庁とは、NEDO、農林水産省（林野庁）、経済産業省（地方経済局、エネルギー庁）、森林総研、産総研等を指す。
8）オイルショック以降にペレット生産を開始し、現在も生産を続けている。社長の遠藤保仁氏はバイオマスエネルギー導入に積極的で、岩手バイオマス研究会の会長も務める。

【引用文献】

高田憲一・藤田香・吉岡陽・川端由実・井上雅義（2005）「バイオマスエネルギーの実力」『日経エコロジー』2005年11月、pp.27-32。

清水幸丸・鈴木信夫・黒川静夫・法貴誠（1987）「オガ屑ガス化発電とコ・ジェネレーションシステムに関する研究」『日本機械学会講演論文集』 No.870-10、1987年11月、pp.7-9。

徳島県勝浦郡上勝町（2004）「木質バイオマスエネルギー利用事業可能性調査」2004年3月、pp.2-15。

寺本博美・若山幸則・鈴木章文・濱口高志・大谷健太郎（2006）「循環型地域社会の形成と「ゼロ・ウェイスト」政策の展開」『三重中京大学地域社会研究所報』第18号、pp.105-127。

【参考サイト】 *

農林水産省 バイオマス・ニッポン総合戦略 http://:www.maff.go.jp/biomass/Index.htm

農林水産省 バイオマス利用推進のためのホームページ http//:www.biomass-hq.jp/

資源エネルギー庁 http//:www.enecho.meti_go.jp

バイオマス Q&A- 環境 goo http//:eco.goo.ne.jp/word/energy

徳島県上勝町　http//:www.kamikatsu.jp
岩手県葛巻町　http//:www.town.kuzumaki.iwate.jp
中外炉工業株式会社　http//:www.chugai.co.jp
岩手バイオマス研究会　http//:www.angel.ne.jp/~inb/
三重県バイオマスエネルギー利用ビジョン http//:www.pref.mie.jp/shigen/hp/energy/nev/bev/bevdl.htm

＊2006年8月28日現在

第7章　循環型社会における地域交通政策

大　谷　健太郎

1　はじめに

　近年は、モータリゼーションが定着し、大都市部の混雑による交通サービスの悪化や排ガスによる環境問題が顕著に表れている。地方部における都市のスプロール現象の継続や公共交通機関の衰退を背景に、より一層のモータリゼーションが進行すると考えられる。

　このような状況をみると、自動車利用の需要を公共交通利用の需要に配分することと、高齢者を含む交通弱者にたいする公共交通機関を確保しなくてはならない。マクロ的には交通容量の拡大と新たな公共交通機関にたいする政策が必要であり、ミクロ的には、都市においては自動車利用の抑制と公共交通機関利用の促進というモーダルシフト、非都市においては住民の移動手段を確保するための政策と公共交通空白地にたいする政策が必要なことは明らかであろう。国土交通省による交通政策では、第一にハード面からの交通容量拡大の政策であり、その後に交通需要マネジメント（Transportation Demand Management：TDM）とマルチモーダル（Multi Modal：MM）の推進というソフト面からの政策となる（森本（2006）、pp.16-18）。ここで、社会資本の整備とTDMに共通するキーワードは、空間的には「環境」と「高齢者」を包含した「利便性の向上」であり、時間的には地域の「持続可能性」である。

　本章は、大都市部における交通政策にたいして地方都市や地域における交通

政策のあり方にウェイトをおき、持続可能な地域をめざした交通政策を論じるものである。本章の目的は、道路建設や拡張事業などの交通容量拡大政策と新規の軌道系輸送機関や路線延伸というハード面からの政策ではなく、既存の交通基盤や交通機関を利用し、公共交通機関の利用にたいするインセンティブを付与する政策や、規制緩和による特区事業というソフトな政策を取り上げ、地域交通のひとつの望ましいあり方を提示することである[1]。

具体的には、都市部における政策としては、地域特性によって生じる交通渋滞の緩和を目的とした金沢市のパークアンドライド（P&R）を事例とし、非都市部における政策としては、公共交通空白地における試みとして徳島県上勝町の町営バスや過疎地有償輸送を取り上げる。

以下では、地方における交通の現状を明らかにし、地域交通の役割を整理する。次に、地域交通政策における評価基準を効率性と生活の質（Quality of Life: QOL）の向上とし、評価における質的基準の必要性を明示する[2]。その後、地域交通の改善と維持という政策目的を踏まえ、金沢市と上勝町の具体的な政策手段を取り上げ、政策の効果と問題点を検討することで、今後の地域交通政策のあり方を展望する。

2　社会的共通資本としての地域交通―効率性とQOLの観点から―

地域における資源や物質以外の循環を内容とする「循環型」の取り組みには、「持続可能性」という類似概念がある。深刻な環境破壊を背景として、観光開発や産業政策では地域の環境に配慮した持続可能な開発および発展に向けた取り組みが行われてきた。「持続可能」な地域を目標とした取り組みは、地域の環境と資源への負荷に配慮し、将来世代にわたって人間と自然の継続的な共存を可能にし、地域が主体となり地域特性に応じた政策を行うことにより自立的で継続的な地域、自治体の実現をめざすものである（環境省（2002）、p. 3）。すなわち、地域政策においては、地域の環境に配慮しながら、財政の規

模に見合った自立的な資源配分やコミュニティを継続的に維持することができる計画が必要である。本節では、持続可能な地域における交通の役割を明らかにするため、環境と交通の関係を概観し、地域交通の現状を簡潔にまとめておこう。

2.1 地域交通に関わる諸問題

最初に、「地域」の意味を明らかにすることが必要であろう。「地域」には複数の意味が存在し、「地域」の空間的な範囲や対象によって意味が変化する。「中央（center）」との対比においては「地方（local）」であり、特定または限定された範囲の場合は、行政区域や地理的特性などの特徴によって「区域、圏域（region, area, district, zone）」という使い分けが行われる。比較的に狭小な特定の範囲であり、生活における基礎単位としては「地域（community）」が適合するであろう。特定の範囲を持つ自治体を対象とする場合もコミュニティの概念が適当と思われる。

交通における問題としては、自動車交通による排気ガス放出量の増加という環境にたいする負担増加を考えることができるだろう。地球温暖化問題に対処するため、京都議定書によって温室効果ガスの6％削減の達成が義務付けられているが、運輸部門はエネルギー起源二酸化炭素（CO_2）排出量の約22％を占め、モータリゼーションの進行を顕著に表している（図7-1）。

削減目標にたいする基準年である1990年と比較すると、運輸部門は約20％増加しており、その主な理由は、公共交通利用率の低下であると考えられる。今後、道路の整備が進み、人口減少によって道路交通量が減少すれば、自動車利用の分担率が逓増する可能性がある。地域交通の現状を把握するために、地方都市圏の交通手段の分担率を示す（図7-2）。

ある出発点から目的地までの三大都市圏を除く地方都市圏総トリップにおける交通手段別の分担率を見ると、1999年度で鉄道とバスの合計は6.8％であり、自動車が43.2％を占めている。表7-1では、輸送機関別分担率（県内）は、

図 7-1 エネルギー起源 CO_2 の部門別排出割合

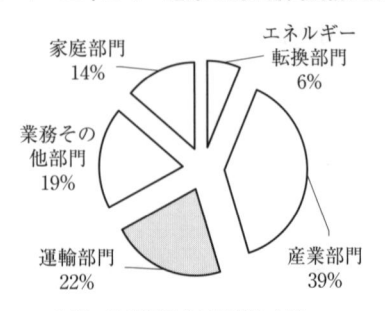

- エネルギー転換部門 6%
- 家庭部門 14%
- 業務その他部門 19%
- 運輸部門 22%
- 産業部門 39%

出所：地球温暖化対策推進本部（2006）より作成。

図 7-2 地方都市圏の交通手段分担率

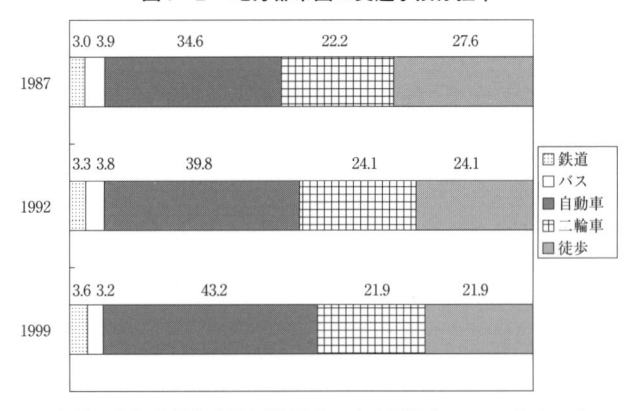

年	鉄道	バス	自動車	二輪車	徒歩
1987	3.0	3.9	34.6	22.2	27.6
1992	3.3	3.8	39.8	24.1	24.1
1999	3.6	3.2	43.2	21.9	21.9

出所：(財) 計量計画研究所「平成 11 年全国都市パーソントリップ調査」より作成。

本章の事例で取り上げる金沢市のある石川県と上勝町のある徳島県に加え、参考として三重県と全国平均が示されている。図 7-3 は全国の公共交通分担率である。

このように、公共交通が発達している大都市部を除くと、地方部の公共交通機関分担率は極めて低い。公共交通機関の低い分担率には、自発的な要因と受動的な要因が存在する。道路に混雑現象がなく利便性の高い自動車を自ら選好

表7-1　平成16年度輸送機関別分担率（県内）

(単位：百万人、%)

輸送機関 県	全機関 輸送量	分担率	JR 輸送量	分担率	民鉄 輸送量	分担率	自動車 輸送量	分担率	旅客船 輸送量	分担率	航空 輸送量	分担率
石川	819.59	100.0	15.93	1.9	4.41	0.5	799.14	97.5	0.11	0.0	0.00	0.0
徳島	437.15	100.0	9.72	2.2	0.05	0.0	426.79	97.6	0.59	0.1	0.00	0.0
三重	1,343.99	100.0	8.20	0.6	56.45	4.2	1,277.80	95.1	1.54	0.1	0.00	0.0
全国	79,619.63	100.0	5,951.18	7.5	11,010.16	13.8	62,586.03	78.6	67.61	0.1	4.64	0.0

出所：国土交通省「旅客地域流動調査」より作成。

図7-3　全国の公共交通分担率（平成16年度）

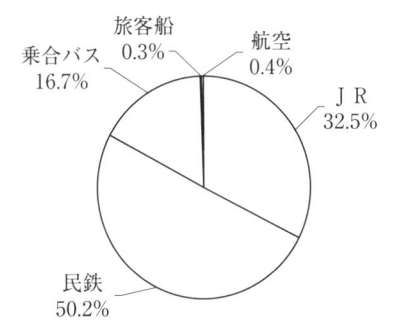

乗合バス 16.7%
旅客船 0.3%
航空 0.4%
JR 32.5%
民鉄 50.2%

出所：国土交通省「旅客地域流動調査」より作成。

している場合と、高齢や傷病に代表される何らかの移動制約や公共交通の定時性などを理由にして、本来は公共交通を利用したいと思っているが利便性の問題によって受動的に自動車を選択している場合が考えられる。また、小林（2005）の指摘するポジティブ・フィードバックが機能していることも考えられる。ポジティブ・フィードバックは、知識型産業集積のメカニズムであり、「雪だるま」方式として知られている。公共交通機関の分担率が低下するということは、松島（2006、p.140）が指摘する「公共交通機関が提供するサービス水準と公共交通機関利用者数の間には、市場を通したポジティブ・フィードバック現象が生じ」ていることを意味する。この場合は、公共交通機関のサービス水準が低下したことによって利用者が減少していき、いっそうのサービス

水準の低下を招くという市場を通した現象である[3]。

公共交通機関分担率の低下に関連して、都市部のスプロール化とコンパクト化については、大西（2005）を中心に問題点を整理しておこう。ある程度の人口が一点に集中していれば、効率的な行政サービスを行うことができるだろう。現在は、区域や範囲が拡大していることによって、資源配分に非効率性が生じているので、市街地と農山漁村部を区別し、環境問題などの外部不経済を含めた非効率を解消するために都市のコンパクト化、すなわち、コンパクトシティという考え方が提案されている[4]。

しかし、大西（2005）は、逆都市化という人口減少にともなう都市の縮小化が進行するなかで、人口が過密だった時代には不可能であった空間的なゆとりによる快適な生活空間の創造を提案している。都市部に居住したい人と郊外に居住したい人というニーズの多様性を考慮すると、都市はさらに広域化する可能性がある。また、人口減少によって行政サービスが低下した場合、より広い生活圏が形成され、人々の移動距離は大きくなる。大西（2005）は、都市の拡散によって自動車利用が増加することで環境問題が懸念されるが、それは低公害車技術の進展によって解決できるという可能性を指摘している。

この場合は、道路による地域間交通の問題になるが、いずれにせよ交通弱者にたいする公共交通は「交通権」を満たすものであるし[5]、生活に必要な基本財、または社会的共通資本として認識することが重要である。以下では、社会的共通資本の考え方に基づいて、地域交通を生活のアメニティや質の向上という視点からアプローチしよう。

2.2 移動性とQOL

宇沢（1994）によると、社会的共通資本とは、一般的な社会資本に加えて自然資本と制度資本を包含した概念である。「生活に関する必要最低限」という視点にはナショナル・ミニマムやシビル・ミニマムの考え方がある[6]。社会的共通資本は、基本的な生活を営むために必要で、その財・サービスの代替性が

低いものは公的または公共部門によって供給されるべきであるという視点に立脚している。したがって、社会的共通資本は、一般的な社会資本という概念に「市民の基本的権利」を加味した範ちゅうといえるだろう。交通権は、移動性（mobility）のナショナル・ミニマムとして、交通弱者や高齢者を含めた一般市民に拡大した概念であるので、基本的人権の範ちゅうにあるといえるだろう（戸崎（2005）、p.17）。

　人はなぜ移動するのであろうか。交通需要は、ある目的を達成するための移動としての派生需要であるが[7]、移動が可能な状態にあることで、人々の効用が高くなることも考えられる。高齢者の移動性という観点から生活における交通環境とQOLに関する先行研究を整理した大森（2005）の研究を参考として、地域における「移動性（mobility）」を考えてみよう。

　公共交通が極めて不便な地域は、自家用車を所有していない人、または何らかの理由で所有できない交通弱者に最も大きい負の効果を与える。人口密度が低く、中心地から離れた地域に居住する高齢者を含む交通弱者にたいしては、生活用品と医療・福祉に関する「出向」という手段によって救済する。このことによって、地域住民は、日常生活と医療・福祉サービスを享受することでQOLが向上し、「生命の維持」というミニマムな生活水準が保障される。

　この「出向」の手段を補完するものとして、移動による閉塞感の気晴らしや自発的行動に関する「移動」という手段が考えられる。高齢者の「移動」に関してMetz（2000）は、派生としての需要に加えて心理的便益や運動の便益、地域との関わり合いなどの要素が重要であることを指摘し、「出向」の政策費用を削減できることから、公共交通投資のクロスセクター・ベネフィット（cross-sector benefits）評価が必要であると主張している。実際、高齢者のQOLと「移動性」に密接な関係を持つ社会・地域の状態は相関関係を示し[8]、QOLの向上を目的とすることは、公共交通を維持していく上で重要な要素である考えられる。

2.3 効率性とQOLの評価

　地域における公共交通の維持に関する評価には、財政や運営の効率性と生活の質の基準が必要である。顕在化した交通行動(量)とニーズとしての潜在需要を把握し、現状とニーズに対応した質的要素(質、アクセシビリティなど)を定量的および定性的に評価しなければならない。評価の基準においては、「平等」ではなく、それぞれの地域特性に応じた「バランス」という視点が重要である。政策によって生じる社会的便益と社会的費用の関係では、受益者負担の原則の適用であり、効果と費用の関係では、地域の意向と地域における初期状態に配慮しなければならない。

　そこで、民間のプロジェクトと公的なプロジェクトの評価基準を確認し、その経済的評価と社会的評価の差異をまとめると表7-2のようになる。

表7-2　経済的評価と社会的評価

種類	目的	経済的	社会的
民間・営利的プロジェクト	総利潤 効率性	経済効果 主体の利益	QOLマーケティング 企業の社会的責任
公的プロジェクト	社会的厚生 資源配分の効率性	利用者便益 主体の利益	地域住民のQOL向上

　この表から、公的プロジェクトが目的とするのは社会的厚生であり、利用者便益と利用者(地域住民)が享受する質的な効果を含めて評価しなければならないということがわかる[9]。地域交通であれば、手段の追加によって利用者が得る経済的効果と運営主体である自治体の費用を比較し、利用者(地域住民)の生活の質が向上する度合いをもって評価を行うことが必要である。経済的効果と質的効果が高くても自治体の財政状況が悪化することは社会的厚生の減少をもたらす。したがって、複数の手段を比較検討することによって望ましい選択が可能となる。

　地域における交通の役割を踏まえて、以下では、具体的な地域交通政策を概観するなかで、持続可能な循環型地域社会をめざした政策のあり方を展望する。

3　金沢市における TDM

　TDM は、自動車利用の需要を公共交通利用の需要に転換するソフト的施策である。TDM 施策の代表である P&R は、自動車と他の交通機関との組み合わせから構成されるシステムであるから、MM 施策の一部でもある[10]。通勤 P&R システム導入の先進的地域として知られている金沢市のシステムを簡潔に紹介し、地方都市部における持続可能な地域交通政策のあり方を展望する。

3.1　金沢市の交通環境

　金沢市の交通は、第二次世界大戦による戦災を免れたために戦前の街並みを残し、1967年に路面電車が廃止された後は、急激なモータリゼーションによって慢性的な交通渋滞問題を抱えている。金沢都市圏は、白山市（旧松任市や旧鶴来町など）や野々市町、津幡町などから構成され、金沢市への就業者数は旧松任市で約1万人、野々市町で約9千人（いずれも平成7年国勢調査）であり、通勤による金沢市への流入が交通混雑の一因になっている。また、金沢市の人口は2005年で約45万人であるが、金沢都市圏での約70万人という都市の規模として捉えることが重要である。金沢市の交通問題は、古来の都市構造や冬季の降水・降雪量という気候などに起因して、地理的制約により新たな軌道系公共交通機関の整備は困難と考えられる[11]。

　そこで、金沢市は、バス交通を公共交通の基軸とした都市交通体系の確立をめざし、表7-3に示すような「金沢オムニバスタウン計画」（中期計画、2003年度から2007年度）を展開している。

　1998年度から2002年度の「金沢オムニバスタウン前期計画」における中心的な政策は、快速バスの導入やバス専用レーンを活用した交通網の整備とパークアンドバスライド（P&BR）である。中期計画においては、コミュニティバス（金沢ふらっとバス）の利用促進や金沢市通勤 P&R「K パーク」の拡充など既

表7-3　金沢オムニバスタウン中期計画における施策一覧

項目	施策名
バスを活用した魅力あるまちづくり	ICカードの多様化による利便性・魅力の向上
	多様なバス料金システムの検討
	商店街や地元住民との連携による金沢ふらっとバス利用促進
バスを基軸とした交通体系の確立	「Kパーク」の拡充
	バス走行環境の改善
	駐輪場整備によるサイクル&ライドの拡充
	路線網のあり方についての検討
人と環境にやさしいバスシステムの創出	人と環境にやさしい車両の導入、バス停のバリアフリー化
市民意識高揚の推進	公共交通活性化に向けた市民意識の高揚
	住民協働型のバス交通のあり方検討

出所：金沢市交通対策課ホームページより作成。

存施策の促進と、住民協働型によるバス利用の促進や路線網のあり方の検討が中心となっている。

3.2　金沢市通勤P&Rシステムの導入経緯

　金沢市通勤P&R「Kパーク」は、自動車総量の抑制による通勤時の交通渋滞緩和を目的として、1998年から導入されている。「金沢オムニバスタウン計画」に基づき、P&BRが中心となっているが、現在ではパークアンドレールライドやサイクルアンドライドについても実施している。Kパークの運用開始までの経緯をまとめると表7-4のようになる。

　このように、詳細な現状分析と試行実験を重ねることで実施に至っていることがわかる。金沢市は、地域特性と既存の公共交通機関の状況や、都市部の通勤者と潜在的な利用者の需要予測などの計画評価を行い、P&Rが金沢市に適合することを判断した。1回目の社会実験では、1日あたりの平均需要量が214人であり、2回目では624人と少数であった。駐車場の規模と利用者数から、交通渋滞の緩和にたいする期待効果は低かったが、新規投資の費用が低

表7-4　Kパーク運用開始までの経緯

平成元年度	「金沢都市圏パーク・アンド・ライドシステム委員会」を設置し、金沢都市圏における交通問題について現況を把握
平成2年度	市民の利用意向調査を実施
平成3年度	本格実施計画および試行実施計画の作成
平成4、5年度	2回の試行実験を実施（平成4年は5日間で計700台規模、平成5年は3日間で計1,000台規模）
平成6、7年度	実施計画案の策定
平成8年度	商業施設の駐車場を平日に利用するというシステムで運用開始

出所：聞き取り調査による。

く、公共交通手段の選択肢の拡大と利用にたいする市民の理解を得るためにシステムの運用を開始した（交通エコロジー・モビリティ財団（1999）、p.35）。

3.3　利用者の誘導と総合的な交通計画

Kパークのシステムは、自宅から自家用車を利用して郊外の駐車場に行き、駐車場に隣接するバス停や駅から路線バスまたは電車に乗り換え、都市部に通勤するものである。ここで、Kパークの特徴を提示し、その利用者便益を整理する（表7-5）。

このように、行政としての金沢市は通勤時の自動車総量抑制のため、利用者に経済的・時間的効果を明確に示すことで、Kパークの利用にたいするインセンティブを与えている。すなわち、利用者の費用節減便益と時間短縮便益を示すことによって、通勤時の交通手段の転換を誘導している[12]。交通需要の「誘導」にたいして、ロードプライシングのような都市部に自家用車を流入させない規制の政策は、利用者の満足度とシステム導入による整備費の観点から困難であると考えられる。

また、金沢市は「金沢市における駐車場の適正な配置に関する条例」を2006年4月に策定した。この条例の目的は、都市部に小規模単位で無秩序に建設される駐車場を適正に配置し、「歩けるまち」を実現することである。駐車場の適正配置は、「まち」に残る貴重な歴史・文化的遺産や自然環境を守り、「ま

表7-5　Kパークの特徴と利用者便益

特徴	利用者便益
行政が新規に専用駐車場を整備するのではなく、既存商業施設などの駐車場を利用する	整備費の負担軽減
駐車場代として商業施設の商品券を購入する	商品券を当該商業施設で使用することによって、駐車場代は無料となる
専用シャトルバスではなく、路線バスで対応	整備費の負担軽減、始発から最終までの時間幅で利用可能
バス専用レーンの設置	定時性の確保
専用定期の設定	通常の通勤定期（3割）を4割程度に割引く

ち」の価値を高めることに寄与するであろう。

　通勤時の自動車総量を抑制するためには、P&Rシステム単体の事業だけでは成功しない可能性が高いと思われる。金沢市全体で、どのようなまちにしていくのか、という方向性を示すことが重要である。「コンパクトなまち」および「自動車でなく人間が中心となるまち」という方向性に基づき、ハード事業とソフト事業を適切に関連させることによって、P&Rシステムを円滑に運営することができる。隘路打開型の政策は、明確なビジョンを示すことができなければ、政策的に期待される効果が大きいと予測されていても高コスト体質に陥る可能性は極めて高いといえるだろう。

　金沢市は、バス交通を公共交通の基軸とした都市交通体系の確立という地域がめざす明確なビジョンを示し、道路共有や既存商業施設駐車場の利用などの施策群によって整備費の圧縮と利用者のインセンティブ付与に力点をおいている。このように、既存システムを活用することと、人間の心理を踏まえた利用者の誘導という視点から、実現可能で持続可能な地域交通システム構築をめざすことが重要である。

4 上勝町における地域公共交通政策

　過疎地においては、自治体内の高齢化率や人口の減少を背景として、交通手段が限定されることによって公共交通が衰退している。近年、平成の大合併において自治体の面積が拡大し、既存市町村では、さらに人口密度が低下する傾向を受け、地域交通サービスの存続は重要な課題であると考えられる。

　地域交通サービスの存続は、主に自治体の財政負担によるバス輸送やタクシー利用補助によって行われる[13]。本節では、田中・佐藤（2004）によって「最後の、新しい公共交通」と表現される過疎地有償輸送や町営バスの事例として徳島県勝浦郡上勝町の地域交通システムを取り上げる。

4.1 公共交通空白地としての上勝町

　上勝町における公共交通については、2002年10月に株式会社徳島バスが1年後に撤退する通告を受けたことによって、町内のバス路線が消滅してしまうことになった。その同時期（2002年7月）に町内唯一のタクシー会社の休業が決まり、上勝町は「公共交通機関空白地」になるという状況に陥ってしまった。そこで、上勝町は、住民の移動手段を確保するため、スクールバス・福祉バスの有効活用のために再編し、町営バスを運行し、住民登録制の有償ボランティア輸送を行っている。

　まず、現在に至る公共交通機関の状況までの経緯について見てみよう。上勝町の公共交通は、徳島駅から勝浦町を経て上勝町中心部と町西部の八重地、そして町北部の大北までの民営バス路線とタクシー会社が存在していた。その後、人口が減少した結果で公共交通利用者が減少していき、さらに料金の値上がりや便数の減少などで公共交通が衰退し、利便性が失われることによって、いっそうの衰退を招くという「ポジティブ・フィードバック」の状態に陥ることになる。徳島バス八重地線が短縮、大北線が廃止されるという状態では、同

路線区間において町営の代行バスを運営していた。この時期までは、タクシーは山間部とバス停を結ぶフィーダー輸送という重要な役割を果たしていたが、その後のタクシー会社の休業によって、バスが入り込めない山間部の住民にたいする移動手段の確保が課題となる。その直後に徳島バスの短縮された路線の廃止が決まり、民営バスは上勝町内から完全に撤退することになった。

4.2 上勝町営バスの概要

以上のような経緯によって、上勝町は自家用車による町営バスと過疎地有償輸送を運営することになった。上勝町の町営バス施策は、一般住民がスクールバスと福祉バスを利用できるようにし、既存バスネットワークを再編することである（運輸政策研究機構（2005）、p.58）。スクールバスは通学・帰宅時間である朝夕のみの運行であったので、日中は運行されていなかった。また、町内における福祉バスは廃止路線代替バスとの重複区間が存在していた。そこで、隣町の勝浦町における徳島駅方面バスとの接続時間の調整を加えて、複数のバスネットワークを再編した。バス利用料金は、2006年現在においては表7-6の通りである。

町営バスの特徴は、スクールバスと福祉バスの役割を兼ねていることである。上勝町内の幼稚園児と小中学生に加えて、高校生においても上勝町からの通学であれば無料である。上勝診療所利用者は、診療所発行の無料乗車券を利用することによって利用料金が無料になる。

表7-6　上勝町営バスの利用料金

対象＼区間	町境停留所を除く上勝町内停留所区間	上勝町内停留所から町境停留所までの区間	町内2路線乗継	勝浦町内
町民	200円	400円	200円引き	無料
（通院目的）	無料	—	—	無料
（通学目的）	無料	無料	—	無料
町民以外	200円	400円	200円引き	無料

出所：上勝町ホームページより作成。

また、上勝町「町境停留所」から勝浦町の民間バス接続停留所である横瀬西と朝夕の勝浦病院、勝浦高校までの区間は無料である。この無料である理由は、上勝町営バスの町外区間が徳島バス82系統「黄檗上」行きの路線と重複することによって、勝浦町民が重複路線の支線化を懸念し、反対したためである。結果として運行不許可になった（運輸政策研究機構（2005）、p.58）。

4.3 「上勝町有償ボランティア輸送特区」の概要

上勝町は、2003年5月に「上勝町有償ボランティア輸送特区」が「構造改革特別区域（構造特区）」として認定され、同年10月に有償輸送の運行を開始した[14]。現在、有償ボランティア輸送は、岐阜県の飛騨市（旧河合・宮川村）や愛知県豊根村などで実施されている。ここで、一般的な福祉輸送と過疎地有償輸送の相違点を確認したい（表7-7）。

自家用車による有償輸送において、80条バスは既存バス路線の維持を目的とした代替的輸送であり、福祉タクシーや障害者輸送は登録された障害者の輸送を目的としているのにたいして、過疎地有償輸送は一般住民を対象とし、通院や買い物など日常的な移動を目的としている[15]。過疎地有償輸送は、既存公共交通手段と競合しないように、基本的には公共交通手段が極めて不便、あるいは存在しない地域に限定されている。

過疎地有償輸送としての「上勝町有償ボランティア輸送特区」のシステムを概観しよう（図7-4）。

上勝町民に限定された利用登録者は運営主体であるNPO法人ゼロ・ウェイ

表7-7 80条バス、障害者輸送、過疎地有償輸送の相違点

種類	車両	対象	主体	表示	主な必要性
80条バス	バス	一般	地方公共団体	なし	サービス維持、確保
障害者輸送（NPOボランティア輸送）	福祉車両（セダン可）	登録障害者	地方公共団体、非営利団体	縦横5cm以上のステッカーなどの表示義務	移動制約者の状況
過疎地有償輸送	一般車両	登録住民	非営利団体		公共交通空白地

出所：国土交通省（2004）および早川（2005）より作成。

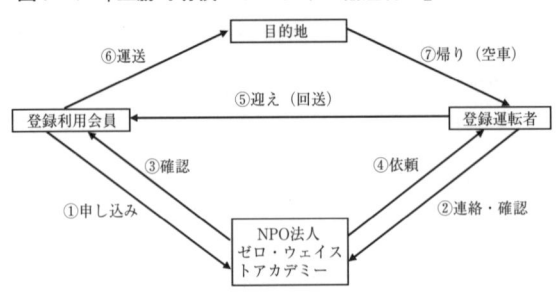

図7-4 「上勝町有償ボランティア輸送特区」のシステム

```
                         目的地
              ⑥運送   ↗       ↘   ⑦帰り（空車）
                   ⑤迎え（回送）
         登録利用会員 ←――――――――  登録運転者
                   ③確認    ④依頼
              ①申し込み ↘    ↗ ②連絡・確認
                      NPO法人
                      ゼロ・ウェイス
                      トアカデミー
```

出所：星場（2005）および上勝町（2003）より作成。

ストアカデミー[16]に目的地と希望日時を伝え、運転手の指名、または、ゼロ・ウェイストアカデミーが居住地域や車種などの条件から、あらかじめ登録された運転手の中から選定し依頼する。このシステムは、利用者の個別ニーズに対応できるデマンド式の公共交通システムである。

利用の運賃は、迎車料金としての100円と1km100円という料金の合計である[17]。ボランティア運転手の報酬については、基本的に運賃収入となっている。任意保険や車検など自動車の所有にかかる経費は運転手負担であり、ガソリン代など輸送に必要な経費から運賃収入を差し引いたものが利益となっている[18]。

4.4 地域政策としての交通政策

上勝町の公共交通政策を考える上では、高齢者にたいする福祉政策と地域のつながりを重視したコミュニティ政策としての地域政策として捉えることが重要である。このような考え方に基づき、上勝町参事である星場（2005）のインタビューと運輸政策研究機構（2005）を参考に、過疎地有償輸送と町営バスにおける問題について、上勝町の地域特性を考慮した形で展開したい。

上勝町有償ボランティア輸送の実施段階における問題点は、早川（2005b）によると「車両名義」「貨物車の使用」「運賃」の3つであるとしている。「車

両名義」の問題は、個人の名義である車両を有償輸送に使用することはできず、社会福祉協議会やNPOが所有していなければならないとする構造特区における認可の問題である。「貨物車の使用」の問題は、軽トラックという貨物車両は人員輸送に使用できないということであり、「運賃」の問題は、前節で触れたように、認可における国からの制約で、タクシー料金（運賃上限額）の2分の1以下に設定しなければならないということである。

　「車両名義」と「貨物車の使用」に関して上勝町は、個人保有の自家用車の使用を想定していたが、構造特区の規定上不可能であった。この問題は、車検証を個人と社会福祉協議会の共同名義に変更することで解決し、現在ではNPOとの契約によって個人名義で運送が可能となっている。また、町内においては住宅地が点在し、各家屋までの進入道路が急峻であり幅員が狭小なため、貨物車（軽トラック）の使用を想定していた[19]。貨物車の使用は、貨物料金を徴収せず旅客輸送に限定する形で容認されている。逼迫する財政状況のなかで、社会福祉協議会やNPOが新たな車両を保有することは非常に困難であり、地理特性によって普及している貨物車を使用することは費用対効果の観点から優れた方策であったといえるであろう。

　上勝町有償ボランティア輸送は、住民の移動手段の確保とともに、コミュニティの維持にたいする役割を果たしていると考えられる。星場（2005）は、運転手のホスピタリティー向上やボランティア意識の高揚と、移動による高齢者の生きがいづくりや気晴らしなどの効果をあげている。後者の効果は、2.2で触れた「移動」の欲求を満たすための役割を果たしているといえるだろう。また、星場（2005）は、公共交通環境が極めて不便な地域では、「白タク」が横行する危険性が高く、過疎地有償輸送は道路運送法違反を防止する効果に優れていると指摘している。

　最後に、地域交通としての問題点は、観光者[20]を含む非利用登録者は有償ボランティア輸送を利用できないことである。第3章で述べたように、上勝町を訪れる視察者は増加しており、観光者の公共交通手段の確保が課題である。

上勝町は、観光者の公共交通手段の問題を、第4章で取り上げた地域通貨によって解決する構想を提示している（星場（2005）、p.78）。木質バイオマスにおける地域通貨の役割と同様に、地域住民が自発的に「ボランティア輸送」に参加することで地域通貨を得るシステムが成立すれば、貨幣による代償を得ることなく「過疎地有償輸送」の持続に期待ができるであろう。

このことは、地域における財・サービスの循環であり、自治体の財政やコミュニティの維持、および地域公共交通の継続に向けた持続可能な地域を実現するシステムの構築に寄与するといえるだろう。

5　おわりに―地域交通の継続と維持に向けて―

本章では、地域交通の改善と維持という政策目的を踏まえ、金沢市と上勝町の具体的な政策手段を取り上げ、政策の効果と問題点を検討した。金沢市の場合は、「バス交通を基軸とした都市交通体系」と「歩けるまち」というひとつの方向性に基づき、総合的な施策を展開している。上勝町では、自治体と地域住民が主体となり、地域公共交通とコミュニティの維持に向けた政策パッケージを展開している。

フランスの都市交通政策における「都市空間利用の再配分」という考え方は、QOLの観点に基づき、道路交通から公共交通への転換を推進するものである（市川（2002）、p.35, 276）。公共交通においては、LRT（Light Rail Transit）やガイドウェーバス、Rinimoに代表されるHSST（High Speed Surface Transport）など、技術的に魅力あるパッケージのメニューは豊富である。

しかし、地域の特性と財政規模に見合うシステムを構築するには、単体としての施策ではなく総合的な計画と地域住民の参加および利用を促すインセンティブの付与が極めて重要になろう。市町村合併による行政区域の拡大と自治体の財政状況を考慮すると、公的資金を用いたコミュニティーバスの存続は危

ぶまれるであろう。パートナーシップの観点からは、潜在需要と便益が行政区域内のごく一部にとどまるのであれば、住民の支払い意思を顕在化した資金をもって住民組織やNPO法人が地域公共交通を運営し、自治体が支援するという考え方も存在する（高橋（2006）、p.135）。

　このように、循環型社会における地域政策は、地域の環境に配慮しながら、財政の規模に見合った自立的な資源配分とコミュニティを継続的に維持するというQOLの向上に着目した政策を形成することが重要である。

<参考資料>

構造改革特別区域計画

1 構造改革特別区域計画の作成主体の名称

徳島県勝浦郡上勝町

2 構造改革特別区域の名称

上勝町有償ボランティア輸送特区

3 構造改革特別区域の範囲

徳島県勝浦郡上勝町の全域

4 構造改革特別区域の特性

　上勝町は、霊峰剣山を含む四国山脈の東端に位置し、標高1,000m級の山並みと急峻なV字谷に囲まれた美しい山村で、標高100m～700mの間に大小55集落を有する。人口は昭和30年の町村合併当時の6,265人から平成12年には2,124人と減少を続ける過疎地で、高齢化比率は平成12年で44.1％と高い。人口の減少により民間路線バスが撤退して代替バスの運行をやむなくされ、近年はスクールバスの住民利用や診療所バスの運行により便数確保を図ってきた。また、行事等により多数の住民輸送が必要な時は福祉バスの活用等によって不便の解消を図ってきている。しかし、平成14年7月、唯一の民間による公共輸送機関であったタクシー会社が休業し、隣接町のタクシー会社は本町中心から片道20km以上離れており、交通手段を持たない高齢者等はボランティアに頼らざるを得ない状況になっている。また、バス等の路線から人家まで5km以上離れている集落もあり、生活に不便をきたしている。一方、（社）上勝町社会福祉協議会への登録ボランティアが13グループ（464人）と活発であり、これを活用する手段を開くものである。

5 構造改革特別区域計画の意義

　タクシーなどの公共交通機関が撤退したことによる物理的、精神的ダ

メージを回復させ、交通弱者を含む住民の移動手段を確保するための手段として、交通ボランティアが積極的に有償輸送への取り組みを進め、デマンド方式の導入を図るなどにより既存事業の一段の活用で交通弱者の保護とボランティア活動による職場機能を補強することで福祉行政の充実を図り、地域住民の定住と活力を確実なものとしてゆく。

6　構造改革特別区域計画の目標

過疎と高齢化によるタクシーなどの利用客減少に加え、既存のバス・タクシーは利用者が少ないことから使用料金が割高になり、運行台数が減少するから利便性が悪くなって利用が減少するという流れが起こり、年金生活者などの経済弱者に敬遠されて廃業に追い込まれるという「まち倒し」の悪循環に陥ってきた。

現在、行政による施策として「過疎による代替バス事業」「スクールバスの一般住民への乗車容認事業」「診療所間の交流輸送事業」などを実施し、㈳上勝町社会福祉協議会の福祉バスも各種団体等の要望により住民輸送にあたっている。しかしながら、町道等の改良が遅れており、未改良区間における道路幅員が狭く小型のバスであっても通行できないため、多くの集落にあってはバス利用ができないのが現状である。有償の交通ボランティアによる安価で戸口から戸口までの小回りがきく『バスより便利で、タクシーより安い』新交通システムを創出・稼動させることにより、多くの住民や交通弱者の利用を促進し、地域労働力確保と平行して「豊かで住みよい町」を創造し、その効果を全国の同様な課題を持つ中山間地域のモデルとして位置付け、構造改革を波及させる一助とする。

7　構造改革特別区域計画の実施が構造改革特別区域に及ぼす経済的社会的効果

平成不況は山村にも及び、都市圏から疎開した人達をも含めて住民に厳しい蔭を落としている。特に、中高齢者の失業者が増加しており、雇用創

出と地域の雇用総数の確保要求に応える手段の一つが有償ボランティア輸送である。また、交通手段を持たない人は自分の行きたい所に出かけることが非常に困難であるが、有償ボランティア輸送の実施により人の動きが高まることが期待され、小売商店等の売上額の増加につながることが予想される。更に、移動手段の確保による生産活動の活発化と生産額の増加も期待されている。一方で、交通弱者に対する福祉の増進が大きな柱である。有償輸送特区の実施を待望しているのは高齢者や障害者であり、会員登録の対象者として高齢者976名、障害者283名（内、身体障害者247名）、又、車が無い世帯157世帯を予定している。その他にも、有償ボランティア輸送は病人等移動手段の確保に威力を発揮すると予想され、住民の健康増進に大きく寄与するものである。

さらに、利用が減少している民間バスや行政の運行するバスにあっても、デマンド運行が図られることにより、利用者の便利が確保されることで更なる利用者の増加が予想され、「まち倒し」の悪循環を断ち切る手段となる。

8　特定事業の名称

（1207）交通機関空白の過疎地における有償輸送可能化事業

9　構造改革特別区域において実施し又はその実施を促進しようとする特定事業に関連する事業その他の構造改革特別区域計画の実施に関し地方公共団体が必要と認める事項

●スクールバス一般開放事業

　従来のスクールバスは、学校が主体となって自校の児童生徒のみの送迎を行ってきたものであるが、上勝町では幼稚園、小中学校の統廃合に伴い全児童生徒の通学用に運行を始めた経緯がある。その後、文部科学省及び国土交通省と協議を重ねる中で、児童生徒の通学に支障の無い範囲で一般住民の乗車も可能であると結論し、高齢者等の一般住民に開放している。

●診療所バス運行事業

　町内に 2 ヶ所ある町営診療所をつなぐことで、医師や施設能力による医療レベルの違いを無くし、平等な医療を提供することを目的に、診療所間を運行している。

●代替バス運行事業

　本町の代替バスは、従来から住民の足として運行されてきた民間の徳島バスが路線廃止した区間を町営のバスが運行している。

●デマンド方式導入による新交通システム確立

　スクールバスの一般開放事業、診療所バス、代替バス、等を運行し町内の交通手段確保を推進しているが、これらの運行をしても幹線道路に限られた運行にならざるを得ず、交通機関空白地域を埋める輸送手段が必要である。ここで、特区による有償ボランティア輸送が確立されると、デマンド方式により交通弱者をバス停留所まで輸送することが可能になり、地域交通の確保手段が大きく改善されることになり、既存バス運行にも素晴らしい効果が期待できる。

別紙　構造改革特別区域において実施し又はその実施を促進しようとする特定事業の内容、実施主体及び開始の日並びに特定事業ごとの規制の特例措置の内容

別紙

1　特定事業の名称

　（1207）交通機関空白の過疎地における有償運送可能化事業

2　当該規制の特例措置の適用を受けようとする者

　上勝町内の社会福祉法人等

3　当該規制の特例措置の適用の開始の日

　計画の認定後

4　特定事業の内容

平成14年7月からタクシー事業者が休業し、路線バス以外に公共交通機関が無くなったことから、車の運転ができない高齢者等は交通弱者となり、自分の行きたいところに出かけることが容易でなくなった。路線バスの沿線に住む人でも運行回数が少ないし、運行時刻に縛られます。20km以上離れた隣町からタクシーを呼ぶと回送料が上乗せされ、高額な運賃が必要です。家族がいる人でも家族に送り迎えしてもらえば、家族の都合次第となり気兼ねもします。交通弱者の足はどうしても鈍くなり、ついつい家に引きこもってしまいがちです。そこで㈳上勝町社会福祉協議会が組織するシルバー人材センターを中心に住民ボランティアをサービス実施運転者として登録し、登録された運転者が、最寄の公共交通機関にアクセスできる地点、あるいは診療所、買い物その他、日常生活の移動の目的地等まで、当該住民に対して輸送サービスを提供する。

5　当該規制の特例措置の内容

　上勝町は、当該地域内の住民輸送において、町外から営業に訪れるタクシー等の公共交通機関では十分な住民輸送サービスが確保できないと認め、㈳社会福祉協議会による有償運送の実施管理を行う。

① 　上勝町における交通移動手段としては自動車以外に困難であり、公共交通機関はタクシーとバスしか考えられない。急峻なV字谷の斜面に張り付くように集落を形成する住民の最も有効な交通手段はタクシーであるが、平成14年7月に唯一あったタクシー会社が休業したことで住民の移動手段は極端に縮小したといって良い。最後に残された交通手段は、1日に6回だけ県都徳島市を結ぶ路線バスであるが、地形的にアプローチが悪く、交通弱者にとってバス停留所まで徒歩で1～2時間という「バス利用のためには別の交通手段が必要な状態」である。この地域内の移動手段として町外からタクシー等を呼ぶこともできるが、回送料金が加算されて高額となることから現実的には利用されておらず有効な

移動交通手段とはなり得ていない。そんなことから、すでに各地域において無償ボランティアによる輸送が行われているが、このままでは永続性があるとは言いがたく交通手段が確保されているとは言えない。よって、この状態は「公共交通機関が空白である」との判断を下した。
② 輸送の主体は、上勝町長から具体的な協力依頼を書面により受けた者とし、当該規制の特例措置の内容に掲げる8項目の要件を全て満たした社会福祉法人上勝町社会福祉協議会とする。輸送の対象は、原則として予め登録した会員並びにその家族、及びその同伴者とし、会員は上勝町内に住所を有する者とする。また、運送の発地又は着地のいずれかが原則として本町の区域内にあることを条件とする。
③ 輸送に使用する車両は、住民輸送にかかる「有償輸送車両」として特定し、マグネットシートを使用して、利用者に見やすいよう両側面に表示する。輸送に使用する車両の全てについて、万一の事故に備え、事故処理と責任体制を明確にするため、示談対応を付した対人8,000万円以上、且つ対物200万円以上の任意保険・共済への加入を義務付ける。
④ 運転者は、普通第2種免許を有することを基本とするが、これによりがたい場合は、本町における道路事情等を考慮して、3年以上運転免許停止処分を受けず、道路運送法第7条の欠格事由に該当しない者で、自動車事故対策センターの適正診断合格者とし、十分な能力と経験を有していると認められる者を選任する。
⑤ 輸送の対価については、運転者の拘束時間を基本として積算するものとし、当該地域における一般乗用旅客自動車運送事業の上限運賃額の概ね1／2を目安とする。
⑥ 運行管理、指揮命令系統を明確にし、事故防止指導体制を整えるため、運転者を登録制として組織化すると共に、年1回以上、安全運転教育の講習会を開催する。

⑦ この事業の運営について協議するため、運輸支局、県交通政策課、県徳島中央福祉事務所、上勝町、学識経験者、住民代表、等で組織する上勝町有償ボランティア輸送事業運営協議会を上勝町が主宰して設置した。

⑧ 輸送活動における利用者からの苦情、事故等の状況について運営協議会に報告する制度を設ける。

注
1) 地域交通政策に関する近年の先行研究として、例えば、離島や過疎地における公共交通の維持については福田（2005）、地域におけるバス輸送のあり方については寺田編（2005）や高橋（2006）などの研究があげられる。
2) QOL は、その対象分野によって概念が変化するが、一般的には人々の生活に関する「望ましさ」「充足度、満足感」「快適さ」についての概念である（三重野（2004）、p.59）。本章においては QOL に関する詳細な議論は行わないが、効率性にたいする政策の評価基準としての議論については三重野（2004）の他に、例えば、大谷（2006）などがある。
3) 一方で、サービス水準の向上によって利用者が増加し、さらにサービス水準が向上するというポジティブな関係もあり得る。
4) 詳しくは海道（2001）を参照されたい。
5) 交通権とは、交通権学会編（1999）における「交通権憲章第1条、平等権の原則、人はだれでも平等に交通権を有し、交通権を保障される。」という原則を基礎とする考え方である。交通権の定義は、フランス国内交通基本法では「交通権は、誰もが容易に、低コストで、快適に、同時に社会的コストを増加させずに移動する権利である。」とされている（戸崎（2005）、p.17）。
6) シビル・ミニマムという考え方は、ナショナル・ミニマムの考え方を「政策主体を国から市民ついで自治体への転換」と「社会保障だけではなく、社会資本、社会保健にも設定」という範囲に拡張した概念である（松下（2003）、p.23）。
7) 交通サービスの特性としては、土井・坂下（2002）に詳しい。
8) 自己評価（self-rating）による QOL と、その数値の差異に影響を与える要素の相関は、社会活動への参加回数や地域との関わり合いに関する指標などが有意となり、所得などの物質的な指標は有意とならなかった（Bowling et al.（2002）、p.369）。これらの指標は「移動性」に関する要素であり、QOL における「移動性」の重要性が示されている。また、社会資本整備と QOL の研究は、以下のような文献がある。社会資本整備の効果を QOL と結びつける必要性については土井他

(2003) の研究、QOL の定量的評価に関する文献として、共分散構造分析によって QOL を構成する潜在変数の推定を行った吉田他（1999）の研究、社会資本整備の効果を操作可能な社会指標と主観的な充足度によってモデル化した林他（2004）の研究などがあげられる。

9) 民間企業においても、顧客満足の立場から社会的な指標を取り込み、対象顧客の快適状態（well being）を考慮する QOL マーケティングの考え方が存在する。詳しくは Sirgy（2001）を参照されたい。

10) 地域間輸送を考えた場合、東京湾アクアラインのようにパークアンドバスライド（P&BR）施策と鉄道が競合する可能性もある。

11) 聞き取り調査（2006年2月）によると、新たな交通システム導入に関する具体的計画は策定されていないが、金沢駅から香林坊、野町などの区間でLRT（Light Rail Transit）や地下鉄といった軌道系交通システムの導入の構想がある。金沢市における新たな交通システムの導入に関しては、中核都市における新・交通システム研究会ホームページを参照されたい。

12) 具体的な便益としては、K パークと自動車では3,880円／月、通常のバスでは2,220円／月の費用節減便益であり、特急バスと自動車では9分の時間短縮便益が算出されている。詳しくは、金沢市交通政策課ホームページを参照されたい。

13) 高齢者のタクシー利用補助については、群馬県館林市と長野県大町市の事例研究である早川（2005a）を参照されたい。

14) 構造特区の申請計画書を本章末尾に＜参考資料＞として示す（上勝町（2003））。

15) 80条とは、道路運送法の第80条（有償運送の禁止及び賃貸の制限）であり、「自家用自動車は、有償で運送の用に供してはならない。ただし、災害のため緊急を要するとき、又は公共の福祉を確保するためやむを得ない場合であって国土交通大臣の許可を受けたときは、この限りでない。」という規定である。詳しくは、電子政府の総合窓口のサイトを参照されたい。また、辻本・西川（2005）の研究では、「住民参加型公共生活交通」として地域住民が参加できる交通サービスを整理している。

16) ゼロ・ウェイストアカデミーの詳細については第3章を参照されたい。

17) 認可における国からの制約で、タクシーの運賃上限額の2分の1以下に設定しなければならないことに加えて、詳細なトリップ・メーターが装備された車両が少ないために、計算の容易性と明確性によって、現在の料金システムとなった（星場（2005）、p.75）。

18) 運転手が利益を得ているのに「ボランティア」といえるのであろうか？社会福祉法人大阪ボランティア協会編（2004）によると、「ボランティア」の構成要素である無償性には実費弁済や食事、ユニホーム支給などが含まれている。「有償ボランティア」を「ボランティア」の範疇から排除することが困難な理由には、食事やユニホーム支給と少額な利益では大きな差がないことが考えられる。無償ボランティアは英語で unpaid work と表現されるので矛盾するが、「有償ボランティア」を行う人は助け合いの精神を基にして、アルバイトを超えた呼称である言葉やイメージ

を求めたことに起因する（社会福祉法人大阪ボランティア協会編（2004）、pp. 3 - 4）。
19）さらに、軽トラックは冬季における路面凍結時や荷台の使用など、小型、駆動力の面から優れていることから上勝町の地理特性に適合する（早川（2005b）、p. 88）。
20）ここでの観光者は、余暇・レジャーを目的とした入込み観光客に加えて、業務や視察などの目的も含むこととする。

【引用文献】

Bowling, A., D. Banister, S. Sutton, O. Evans, and J. Windsor (2002) "A multidimensional model of the quality of life in older age," *Aging & Mental Health*, 6 (4), pp. 355-371.

地球温暖化対策推進本部（2006）『京都議定書目標達成計画の進捗状況（案）』。
　（出所アドレス：http://www.kantei.go.jp/jp/singi/ondanka/）

土井健司・紀伊雅敦・中西仁美（2003）「Quality of Life をどのように OR で考慮していくべきか─政策の運営と評価への QOL の適用─」『オペレーションズ・リサーチ』2003年11月号、pp. 16-21。

土井正幸・坂下昇（2002）『交通経済学』東洋経済新報社。

福田晴仁（2005）『ルーラル地域の公共交通─持続的維持方策の検討─』白桃書房。

早川伸二（2005a）「高齢者タクシー券配布制度によって住民の足は確保されうるか？─群馬県館林市と長野県大町市における事例研究」『公益事業研究』、第57巻、第2号、pp. 105-118。

早川伸二（2005b）「過疎地における自家用車有償輸送の歴史と現状─新しい地域コミュニティ輸送サービスの意義─」『運輸と経済』第65巻、第10号、pp. 83-92。

林良嗣・土井健司・杉山郁夫（2004）「生活質の定量化に基づく社会資本整備の評価に関する研究」『土木学会論文集』Ⅳ─62、No. 751、pp. 55-70。

星場眞人（2005）「過疎地における新たな公共交通機関の誕生─徳島県上勝町の事例から─」『運輸と経済』、第65巻、第8号、pp. 71-79。

市川嘉一（2002）『交通まちづくりの時代─魅力的な公共交通創造と都市再生戦略─』ぎょうせい。

海道清信（2001）『コンパクトシティ』学芸出版社。

上勝町（2003）『構造改革特別区域計画』（出所アドレス：首相官邸構造改革特区推進本部ホームページ、http://www.kantei.go.jp/jp/singi/kouzou2/sankou/030526/058.pdf）

環境省総合環境政策局（2002）『持続可能な地域づくりのためのガイドブック』環境省。

小林潔司（2005）「知識社会と実験型都市・地域政策」、小林潔司・朝倉康夫・山崎朗編（2005）『これからの都市・地域政策─「実験型都市」が未来を創る─』第1章、pp. 3-23、中央経済社。

国土交通省（2004）『福祉有償運送及び過疎地有償運送に係る道路運送法第80条第1項による許可の取扱いについて』（国自旅第240号、平成16年3月16日）。
交通エコロジー・モビリティ財団（1999）『バスの活用による都市交通の円滑化に関する調査報告書』日本財団図書館
（出所アドレス：http://nippon.zaidan.info/seikabutsu/1998/00388/mokuji.htm）
交通権学会編（1999）『交通権憲章—21世紀の豊かな交通への提言』日本経済評論社。
松島格也（2006）「交通混雑と公共交通」、森野美徳編（2006）、第5章、pp.138-152。
松下圭一（1971）『シビル・ミニマムの思想』東京大学出版会。
Metz, D. H. (2000) "Mobility of older people and their quality of life," *Transport Policy* 7 (2000), pp.149-152.
三重野卓（2004）『「生活の質」と共生』増補改訂版、白桃書房。
森野美徳（2006）「地域交通に未来はあるか—TDMから交流文化の創造へ—」、森野美徳編（2006）、序章、pp.15-44。
森野美徳編（2006）『地域交通の未来—ひと・みち・まちの新たな絆—』日経BP社。
大森宣暁（2005）「高齢者のモビリティとQuality of Life」『運輸政策研究』、No.30、pp.54-55。
大西隆（2005）「人口減少時代の都市再生シナリオ」、国際交通安全学会編（2005）『「交通」は地方再生をもたらすか—分権時代の交通社会—』技報堂出版、第6章、pp.187-220。
大谷健太郎（2006）「公共事業事前評価システムにおける価値基準とウェイトの導入」『三重中京大学地域社会研究所所報』第18号、pp.33-58。
Sirgy, M. J. (2001) *Handbook of Quality-Life Research*, Kluwer Academic Publishers / Springer Science + Business Media.（高橋昭夫・藤井秀登・福田康典訳『QOLリサーチ・ハンドブック—マーケティングとクオリティ・オブ・ライフ—』同友館、2005年。）
社会福祉法人大阪ボランティア協会編（2004）『ボランティア・NPO用語辞典』中央法規。
戸崎肇（2005）『交通論入門—交通権保障と新しい交通政策のあり方—』昭和堂。
田中重好・佐藤賢（2004）「過疎地における「最後の、新しい公共交通」」『運輸と経済』、第64巻、第6号、pp.41-50。
高橋愛典（2006）『地域交通政策の新展開—バス輸送をめぐる公・共・民のパートナーシップ—』白桃書房。
寺田一薫編（2005）『地方分権とバス交通』日本交通政策研究会研究双書20、勁草書房。
辻本勝久・西川一弘（2005）「過疎地域における住民参加型公共生活交通の実現に向けた課題—和歌山県本宮町をフィールドとして—」『交通学研究』第48号、pp.111-120。
運輸政策研究機構（2005）『これからの地域交通—調査・計画の手法と解決手法—』運輸政策研究機構。

宇沢弘文（1994）「社会的共通資本の概念」、宇沢他編『社会的共通資本―コモンズと都市―』東京大学出版会、第1章、pp.15-45。
吉田朗・鈴木淳也・長谷川隆三（1998）「近隣環境における「生活の質」の計測に関する研究」『日本都市計画学会学術研究論文集』第33号、pp.37-42。

【参考サイト】＊

中核都市における新・交通システム研究会
　http://www.city.kanazawa.ishikawa.jp/koutsuu/newsys/chukaku.htm
電子政府の総合窓口　http://www.e-gov.go.jp/
上勝町　http://www.kamikatsu.jp/
金沢河川国道事務所　http://210.131.8.12/%7Ekanazawa/index.html
金沢市交通政策課　http://www.city.kanazawa.ishikawa.jp/koutsuu/index.html
計量計画研究所、都市計画情報リンク集
　http://www1.ibs.or.jp/cityplanning-info/zpt/
国土交通省総合政策局情報管理部交通調査統計課　http://toukei.mlit.go.jp/
地球温暖化対策推進本部　http://www.kantei.go.jp/jp/singi/ondanka/
構造改革特区推進本部　http://www.kantei.go.jp/jp/singi/kouzou2/index.html

＊2006年8月30日現在

第8章　持続可能な地域社会の創造に向けて [*]
―Local Agenda 21の経験から学ぶ―

鈴　木　章　文

1　はじめに

　わが国の戦後の復興時期においては、中央政府主導により社会資本を整備する必要があるという認識のもとで、大規模な公共事業が進められてきた。大多数の国民もそのことが公共政策の役割であるという考え方が当時を覆っていたともいえるであろう。

　しかし、現代にあっては社会の高度化・複雑化に並行して公共政策のあり方も変化せざるを得ず、新たに発生してくる多様で複雑な現象を読み解くことから始まり、それらへの迅速な対応が迫られるようになってきている。

　この様な状況のもとで先進諸国では地域社会を客観的な指標で診断しようとする動きが起こり、地域の持続可能性を標榜することが趨勢となっている。そこでは地域を経営するマネジメント・プロセスに関心が寄せられ、地方自治体の役割が従来の管理型からパートナーシップ型に大きく変化することになる。

　本章は、わが国における公共政策の背景と現代社会に要請される公共政策を踏まえて、アメリカやドイツに起こっている社会指標化の動きを捉えると共に、その中から持続可能性の概念を取り上げて、公共政策の実践の場でどのように展開されているのかをドイツにおけるふたつの地域を調査検証することで明らかにし、最後に地域マネジメントのあり方や地方自治体の役割を考察するものである。

2 わが国における公共政策

公共政策はその時代につくられるコンセンサスによって変化してきたといえよう。それは公共性という言葉に代表される広く一般的に利害や正義を有する性質でもある。

かつて福沢諭吉（1901）は、"丁丑公論"の一節[1]で自立した個人が公共性を築く姿を描きながらも、軍国主義の台頭によって一蹴されている。学問的に公共性が具体性を帯びて規定され始めたのは、戦後の行政法学の領域においてであったが、当時の公共性は国家政府の行政活動を正当化させるための概念でしかなかったともいえる。

国家政府の主導のもとで戦後に行われた大規模公共事業は、各地で自然・生活環境の破壊を引き起こし、政府の公共独占に対する批判が向けられるようになった。そして、1990年代以降には NGO、NPO、ボランティア団体などの市民セクターの登場によって、公共部門の一部を市民が担う姿が現れ、自発的に運営される市民社会が理念の段階から実践の段階に移されるようになり、各種の市民活動が見られるようになっていった。

このような社会参加活動型に発展した市民による実践系としての公共性の姿は、従来の言論としての言説系の公共性の姿との違いが示されることになる。すなわち言説系の公共性の姿が公論や議論としての公共領域において、個人主義化が進むと言説系が肥大化する傾向にあるといわれ、その一方で実践系が縮小するとも論じられたこともあった[2]。

現代社会では、市民参加、すなわち市民から政府へのボトムアップ的政治参加の姿が実践に移され[3]、国家や行政に介入されず市場の力に左右されない社会的空間としての自律的な結社や運動やネットワーキングなどの活動を活発化させる姿になり[4]、公共社会に様々な集団を誕生させ、そこから発生するニーズへの対応も公共政策の重要なテーマとなってきている。

わが国の現代社会にみられるこのような市民的公共性の趨勢は、"アソシエーションの多元性"に価値が置かれ精神的に自立した個人や団体の姿が重視されることが前提となり、その活動が実践系に具現化されることが豊かな公共社会をもたらすことになってきた。それは従来の公共という言葉に与えられてきた次の三つの意味[5]に対して、概念規定を書き換えさせる重要性を持つに至っているともいえる。

(1) 国家に関係する公的なものという意味で、強制、権力、義務から導かれる公共事業、公共投資、公的資金、公教育、公安等。

(2) 特定の誰かにではなく、全ての人々に関係する共通なものという意味で、公共の福祉、公共の秩序、公共心等。

(3) 誰に対しても開かれているという意味で、公然、情報公開、公園等。

従来のこれらの三つの概念は、公共政策上の基礎概念を提供してきたが、政府の公的管理の限界が至るところで露呈している中では、政府は市民セクターへの"支援"を担うことによって存在の意義も再認識されるようになってきている。

市民セクターへの"支援"は、個人や団体の"自己実現"や"他者に対するエンパワーメント"につながり、自発支援型の公共社会への触媒になると理解される。支援型の公共性は、金(2001)が論じるように、他律的公共性と自律的公共性、行政管理的公共性と自助支援的公共性、下向強制的公共性と上向積立的公共性に類型化することで鮮明になる。すなわち、自律的公共性と自助支援的公共性、さらに上向積立的公共性が発現すると、私を否定、排除、抑圧する方向で、公を確立、確定、確保するという公私観から脱し、私を成長、成就、成熟させながら、その原動力が公を開き、広め、深め、高めるという公私観へと転換させるのである[6]。

ところで公共政策の実務者は、現代社会が要請する公共政策の内容、それを判定するための手がかり、あるいは基準を示す努力が求められるが、それらは例えば山口(2003)が示すような次の8項目として規範的に規定されてきた。

(1) 公共事業などの社会的有用性もしくは社会的必要性
(2) 同じ社会に住む者同士の絆や価値観を容認する社会的共同性
(3) 手続的公開性のみならず幅広い公開性
(4) 政治・行政における普遍的人権
(5) 新たに追加された寛容、持続可能性（sustainability）などの国際社会で形成されつつある文化横断的諸価値
(6) 何が公共性であるかを特定社会で問う集合的アイデンティティ
(7) 現代社会の新しいリスクや公共争点を俎上に載せるスタンス
(8) 説明責任、情報公開、市民参加という手続における民主性

このような公共政策上の諸規定は実務者が政策ガイドラインを策定する上での規範となり、必要に応じて具体的に規定されることになる。その時には宮川（2002）が示すように公益の観点から次の3項目が重視される。

(1) 社会における様々な特殊利益をバランスさせウェイトをつけた総計
(2) 社会の人々の基本的欲求やニーズに共通性があることを前提とした大多数のメンバーが共有する普遍的利益
(3) 社会の成員間の利害対立の解消に多数決などの承認されたプロセスの採用

公益の概念は、効用の可測性を前提にした"社会的総効用"を指標とし、経済学で扱われる効用主義のもとでのパレート原理を採用して、"普遍的利益"を"承認プロセス"で問うことに繋げている。

具体的な公共政策上の承認プロセス[7]は、現実的な政策決定を左右し、従来は公共性の定義を曖昧なままとする傾向のもとで、公共政策が決定されてきた側面もある。

また、個別具体的な公共政策を実施していく上では、現代社会においては共通認識が育ちつつあり、それは公共行為の目的に含めるか否かの公共的利益の判定基準を問う時に、暗黙的に次の6基準[8]に照らし合わされていると言って良いであろう。

(1) 利己的なものでなく、コミュニティに関わるものであること。
(2) 一時的短命なものでなく、持続的安定的なものであること。
(3) 関連範囲が特殊的なものでなく、一般的なものであること。
(4) 私的な役割でなく、公民的な役割に関わるものであること。
(5) 特異的でたまにしかないものでなく、普通のしばしばあるものであること。
(6) 論理的あるいは道徳的に正当化されるものであること。

この6つの基準は、政府部門の政策担当者に公共性の判断を簡素な形で伝えてきた。さらに実務レベルでは公共施設に求められる判断基準が次の4項目[9]によって示されてきている。

(1) 素材的性格規定において、その存立する社会の生産や生活の一般的共同社会的条件を保証すること。
(2) 体制的価値的規定において、特定の個人や私企業に専有されたり、利潤を目的として運営されるのではなく、すべての国民に平等に安易に利用されるか、社会的公平のために行われること。
(3) その建設管理に当たっては、周辺住民の基本的人権を侵害せず、かりに必要不可欠の施設で侵害行為が予測される場合には代替の方法を考えるなどの対策をとり、周辺住民の福祉を増進することを条件とすること。
(4) 民主主義的手続規定において、その設置、改善の可否については住民の同意、あるいはすすんで参加、管理を求めうるような民主的手続が保証されていること。

この4項目の規定は、公共施設に非排他性や等量消費性を要求することに加えて、公共施設が及ぼす外部性への考慮や手続的民主性を求めるものとなっている。

以上のように公共政策の姿は、公共性の概念が戦後に政府の活動を正当化するための概念でしかなかったものが、市民活動を通じて市民セクターの参加を前提とした姿に変容したことによって、公共施設を建設する上でも住民の意思

決定参加権を前提に行われるものになった。しかし、その背景には未だ支援性が顕著に表現されているとは言い難く、わが国では具体的な支援を組み入れた公共政策のあり方を模索している段階にあると考えられる。

　先進国で展開されている公共政策のなかには、わが国が進むべき方向性を示唆する事例がある。その一例として地域社会を対象とした"社会指標づくり"への動きがあり、これは地域主権型・市民参加型社会への道標ともなっている。

3　社会指標化への動向

　近年になって先進諸国で関心が高まっている"社会指標づくり"は、公共性を数値指標で表そうという動きでもある。それは1970年当時にGDPなどの経済優先指標しか持たなかったことへの批判から始まり、1990年代から環境や生活の質 (Quality of Life) などを表す指標づくりが広まっていったことにも起因する[10]。

　このような動向は「国の経済が成長していても身近なコミュニティの生活者を取り巻く環境や人間関係にかかわる豊かさが失われているのではないか」という問題意識を背景に、コミュニティの生活者の視点から開発された「持続可能なコミュニティ指標」の作成に繋がった。特に、GDPに代表される経済成長指標が経済社会の持続可能性を表現するためには欠陥があることが指摘され、また、それを修正されるように提出されたグリーンGDPや、NNW (Net National Welfare)、EDP (Eco Domestic Product)、新国民生活指標 (People's Life Indicators)、HDI (Human Development Index)、CSD (Commission on Sustainable Development) 指標、GPI (Genuine Progress Indicator) などの指標においても課題が残ることが示され、持続可能なコミュニティ指標として"Sustainable Measures"や"The Central Texas Sustainability Indicators"が例示されてきた[11]。

(1) Sustainable Measures

アメリカの民間コンサルティング会社（Sustainable Measures）が1999年に発行した"Guide to Sustainable Community Indicators"に示されたもので、コミュニティにおける生活の質の高さを持続可能性と関連させ、コミュニティの経済的・社会的・環境的健全性を測定しようとするものであった。

特に、コミュニティの人々は「参加と討論による指標づくりによってあるべきコミュニティの展望を共有できる」として、地域コミュニティ主導による指標づくりを推進しようとした。

具体的には、経済指標として、仕事の有無、貧困やホームレスの有無など、社会指標として、犯罪の数、ボランティア活動の人数、非商業的・非利潤追求的・公共的な仕事をどれだけの人がしているかなど、環境指標として、大気の質、地域で捕れた魚に問題はないか、水質が良くなっているかなどを指標化するものであった。

(2) The Central Texas Sustainability Indicators

アメリカのセントラル・テキサス地域で2002年からコミュニティの豊かさを示そうと試みられたものであり、次のような要素から構成されている。

コミュニティと子供たちについて、コミュニティの安全（十万人当たりの犯罪発生率）、家庭の安全（家庭内暴力の千人当たり発生率）、学校の環境（模範的学校の率）、慈善活動・寄付（地域の慈善活動を行った率）、子育て環境（低所得の家族に対する補助のある子育て空間の提供数）、近所づきあい（気軽に近所の人に小さなお願いができると答えた人の割合）。

労働・経済について、仕事の機会（失業率）、産業の多様性（地域の年間雇用拡大数のうち上位10産業部門の割合など）。

健康・環境について、精神的健康（十万人当たりの自殺率）、健康保険の適用（健康保険未加入者の割合）、空気の質と有害物質（地域ごとの有害物質の排出量）、水質（水質基準を満たしている割合）、エネルギー使用（地域の電力会社の再生可能エネルギー供給率）、ごみ（ごみの排出量など）。

土地・社会的資本について、景観の素晴らしさ（周囲の景観が素晴らしいものになっていると答えた人の割合）、公共の誰にでも開かれた場所（住民千人当たりの開かれた公共空間）、通勤時間（平均通勤時間など）である。

これらの指標によって、2002年以降、毎年追跡調査をして地域の豊かさを時系列的に報告している。

この様な地域社会のコミュニティレベルでの社会指標化への動きを受けて、アメリカでは"社会指標作成のためのソーシャル・レポート"を発表し、国連やOECD、わが国の経済企画庁、自治体なども社会指標づくりを試み出している。それらの多くの求めるところは、政治・経済・社会・環境の各分野からなる指標をバランス良く配置することであるが、未だに指標作成の設定条件、指標集計の方法、ウェイトのかけ方、数値化困難な価値指標あるいは規範指標の取り扱い方法、既存の指標との接続方法などや政策への活用が課題となっているのも事実であろう[12]。

さかのぼれば1992年にリオデジェネイロで開催された国連環境会議（UNCED）で採択された"Agenda 21"は、EU諸国に大きな影響を与えた。特に顕著なのは環境先進国となったドイツである。ドイツの地方自治体レベルでは"Local Agenda 21"への取り組みが地域社会での先進的な社会指標づくりを引き出し、地方自治体の多くに"持続可能な社会への指標（Die Indikatoren Nachhaltigkeitsbericht)"が作成される。その一例がホッケンハイム市の社会指標である（表8-1）。

表中には環境・経済・社会・参加・その他からなる5項目の大分類に従い、各項目毎に6種類の具体的な社会指標が掲げられ、全体で30種類の指標によって地域社会が診断される。これらの社会指標は、必ずしも特定の時期における目標数値を設定するばかりではなく、指標数値の経年変化を継続的に観察し、過去からの推移を可能な限りグラフ化して、未来への傾向を市民と地方行政さらに地方議会が共有することで、持続可能な地域社会の構築に向けたコンセンサスを築くことに役立てられている。

表8-1　ホッケンハイム市の社会指標

Die Indikatoren Nachhaltigkeitsbericht Hockenheim INDIKATOREN FUR EINE LOKALE AGENDA 2003	
環境	
A1	少ない廃棄物（住民一人当たりのごみ量：Kg）
A2	少ない大気汚染（大気組成の変化）
A3	自然資源に対する配慮（全面積に対する土表面の割合：％）
A4	再生可能資源の節約（家庭における住民一人・一日当たり水消費量：リットル）
A5	少ないエネルギー消費（家庭における住民一人当たりの電力消費量：KW/h）
A6	移動における環境と社会の調和（住民千人当たりの自動車台数）
経済	
B1	雇用機会の均衡（失業者数の男女別詳細）
B2	地産地消の拡大（朝市などへの地域内の食品提供者の割当数）
B3	経済構造のバランス（各経済部門における社会雇用保険の支払者割合）
B4	物価水準の安定（賃貸・物価指数）
B5	公共財政の健全性（1995年を100 DMとした住民一人当たり債務額）
B6	企業の環境経済の改善（認証ラベル Oeko-Audi を取得している企業数）
社会	
C1	所得と資産の公正分配（住民千人当たりの生活保護受給者数）
C2	高い職業教育水準（社会保険支払い労働者千人当たりの職業訓練者の比率）
C3	人口と居住地構造のバランス（住民千人当たりの転入転出者数とその差引数）
C4	高い文化水準（三大教養施設への住民千人当たりの来訪者数）
C5	高い健康水準（学校健康診断時の肥満児童数）
C6	高い安全水準（住民千人当たりの犯罪件数）
参加	
D1	活発なボランティア活動（住民千人当たりの登録公益法人数）
D2	民主主義的参加（市議会議員選挙の投票率）
D3	市の国際協力（協力活動への支出額）
D4	公的活動への女性参加（市議会に占める女性数）
D5	青少年への活動支援（青少年を支援する予算の全体予算に占める割合）
D6	持続的発展への関与（住民千人当たりの Local Agenda への参加者数）
その他	
E1	自転車交通条件（全道路網における自転車専用道路の割合）
E2	自然保護地区の面積（全面積における自然保護面積の割合）
E3	エネルギーに関する計画（環境とエネルギー促進プログラムへの支出額）
E4	バランスのとれた年齢構成（住民の年齢分布）
E5	サーキットの包括的持続的発展計画の作成と実行（観客数、施設使用頻度）
E6	持続可能な観光業（住民数当たりの宿泊者の平均数）

表8-2　ラインフェルデン市の持続可能性評価シート

Agenda 21 Nachhaltigkeits-Check von Vorhaben und Projedten in Rheinfelden
持続可能な発展のためには早い段階からの考察を必要とする。全ての計画は社会・経済・環境面を重視しなければならない。この3次元間のローカル・グローバルの両レベルでの長期的バランスが求められ、そのために欠かせないのが広範な市民参加である。 　この持続可能性評価は社会指標に基づき行うもので計画策定と政治的意思決定を支援する。ラインフェルデン市のLocal Agenda 21はリオの国際会議の方針を受けるものである。

計画／決定
・

計画していること　／　決定したこと		
好ましい	効果・影響	好ましくない
・	社会的・文化的評価	・
・	環境的評価	・
・	経済的評価	・
・	市民参加と協働評価	・

持続可能性評価の結果
・

コメントと提案
・

同時に、地方自治体はラインフェルデン市の持続可能性評価シート（表8-2）に示すような様式によって社会指標に基づく持続可能性評価（sustainability check）を行う。持続可能性評価の方法は、政策責任者が政策の計画（事前）と決定（事後）に対して社会（社会的・文化的評価）、環境（環境評価）、経済（経済評価）、政治（市民参加と協働評価）に渡って当該政策の好ましい点と好ましくない点を記述し、全体を通しての判断結果と、それに基づく自らのコメントと提案を記述するものである。この様にして次の政府活動の改善に繋げてゆき、同時にこの自己評価結果は議会と市民に公表され、地方自治体活動のアナウンス機能も果たしている。

数値化された社会指標は地域の現状把握を容易にさせる。さらに社会指標に基づく持続可能性評価によって項目毎の政策について計画策定と政治的意思決定が支援され、地域社会の状況を反映した"政策形成と政策評価[13]"が連結されることになる。

このような社会指標化と持続可能性評価は、抽象的な公共性の概念規定を具体化し、市民の生活レベルまで浸透した情報共有を実現させている。

以上のようなドイツにおける社会指標化と持続可能性評価への取り組みは、国連環境会議を契機としたLocal Agenda 21が基になって、持続可能な地域づくりを目指して自律的に継続されているものであるが、次節では持続可能性の概念がEUにおいて重視されるようになった経緯やドイツの地域社会でのLocal Agenda 21への対応事例などを掲げる。

4　持続可能な公共政策

1970年代の欧州諸国は、ユーロペシミズム[14]に覆われていたが、現在では25カ国[15]体制のEUの枠組みによって、アメリカ合衆国に次ぐ経済圏を誕生させるまでに至った。特に、これまで低開発地域といわれてきたアイルランドやスペインなどの国々では、EUの地域政策[16]によって大きな経済復興を果

たしている。

　基本的に EU 諸国の政治姿勢は、日本やアメリカ型の資本主義・自由主義から距離を置いている。それは、社会民主主義・集団帰属主義が主流になり人間とその集団を重視してきたものが、近年では市場原理の一定の活用や非営利組織との連携を模索し、さらに持続可能性や環境を重視するようになってきている。特に持続可能性に関心を寄せるようになったのは、持続可能な都市（sustainable city）の模索に始まるといってよい。80年代後半から当時の EC（欧州委員会）の第11総局と第16総局[17]によって都市の持続可能性が標榜され、90年には第11総局が都市環境に関するグリーンペーパーを発表し、並行して第16総局が33都市で都市パイロット事業（UPP）を開始した。

　第11総局による持続可能な都市づくりの方法は、政策実施主体を各都市におき、その取り組みを支援することである。支援の方法は、都市間ネットワークの強化、研究成果の提供、LIFE 事業による資金援助などである。

　一方、第16総局は、構造政策による都市パイロット事業（UPP）の実施の他、1994年からは共同体主導枠としての URBAN を実施し、ハード面でのインフラ整備、環境・社会・経済面での支援などを行うことによって都市住民の生活の質の向上を目指した。

　持続可能性志向をさらに強固にしたのは、1992年の国連環境会議（UNCED）の採択文章"Agenda 21"であった。Agenda 21は、1993年に第11総局を動かし第5次環境行動計画を決定させ、かつ、地方自治体レベルまで持続可能な発展の概念を浸透させた。それは Local Agenda 21 となって、環境を社会と経済に並ぶ政策の三本柱の一つに位置づける要因となった。

　EU の持続可能性戦略のその後の到達点は、1997年5月の「欧州共同体における都市のアジェンダに向けて」と題するコミュニケや、1998年の地域政策総局による「欧州共同体における持続可能な都市の発展としての行動」のフレームワーク、および2001年の「第6次環境行動計画」に現れる。それらは EU 域内の総人口の約80％が暮らす都市の環境と持続可能性を重視するものであっ

表8-3　主要国の人口、GDP、面積比較

	人口（百万人）	GDP（百万ドル）	GDP（ドル）／一人	面積（万 km²）
ドイツ	82.4	1,986,165	24,100	35.7
フランス	59.8	1,431,274	23,914	54.7
イギリス	59.1	1,564,604	26,488	24.3
EU-25	453.6	9,049,979	19,954	392.9
アメリカ	291.0	10,480,800	36,012	937.3
日本	127.5	3,991,841	31,314	37.8

出所：人口と GDP は IMF:International Financial Statistics（IFS）（2004年1月号）。
面積は欧州委員会統計局の2003年1月推定値。

た。

ところで、持続可能な発展（sustainable development）を巡ってはOECD諸国の中でもその対応は一様ではなく、熱心な国（オランダ、ノルウェー、スウェーデン）から無関心な国（アメリカ）まで様々である。どちらかといえばドイツ、イギリス、日本、カナダ、オーストラリアなどは、支持をしながらも当初は慎重な姿勢をとっていたといえよう。

EU諸国の中にあって特にドイツは、人口、GDPともに最大の国である（表8-3）。EUの構造政策が開始された1989年以来、ドイツは援助する側の国であることには変わりはない。それは構造政策予算の国別該当人口の総人口比において、ギリシャ、アイルランド、ポルトガルが100％であるのに対して、ドイツは39.1％と低いことからも理解できる。特に、低開発地域の支援を目的とする政策目的1（objective-1）の予算の全ては旧東独が受けるため、旧西独での総人口比は18.4％に過ぎないことになる[18]。すなわちギリシャなどの国では全員が恩恵を受けていることに対して、旧西独では10人に2人以下になる。

このような状況のもとで、ドイツでは持続可能性や持続可能な発展の概念をネガティブに受け止めていた。その理由はそれらの概念は拡大の予防原則として理解されたためである。さらに、ドイツでは、既成の充実した法制度のもとで、気候変動問題や生物多様性への対応は早くから積極的に行い充分であると

判断していたのである。ところが、Agenda 21の採択は持続可能な発展の概念と国家環境計画への関心を高めさせ、1998年には社会民主党と連合90・緑の党の連立政権の誕生という象徴的な出来事を引き起こさせた。

　アジェンダという言葉は、"実行する・行動する"という意味のラテン語の動詞"Agere"が語源であり、各国が実行すべき事の意味で理解されている。この言葉は以前は一般的ではなかったが、多くの自治体に影響を及ぼすこととなった。そのきっかけを作ったのは、Agenda 21の中にNGOの圧力で挿入された一つの章の"Local Agenda 21"であった。

　この章は、わずか2ページの文章であるが、社会・経済・環境の3要素を包括した持続可能な発展を目指す中での地方自治体の役割と権限を再確認させる重要性を秘めていた。とりわけ地方分権論者にとっては興味深く受け入れられ、実際にAgenda 21の実施段階では、地方自治体に権限が置かれる国ほど着実に推進されることになった。

　リオの会議にNGOの果たした役割と影響の大きさが契機となり、政治・行政・経済との関係において図8-1が描かれるようになった。

　一般的に国際会議の採択事項が地方自治体を直接的に動かすことは希である。ところがLocal Agenda 21に関してはそれが当てはまらなかった。欧州の幾つかの地方自治体は、第11総局のイニシアティブによってAgendaの具体化に向けて動き出し、1994年には欧州持続可能な都市会議の第1回をデンマー

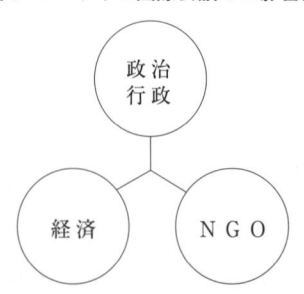

図8-1　リオの国際会議での影響図

クのオールボー (Aalborg) で開催し、具体的な行動内容について議論した。採択された憲章 (Charter of European Cities and Towns Towards Sustainability) には380の都市・自治体と5団体のNGOが調印し、その後、第2回を1996年に、第3回を2000年に開催し、各都市の経験を集積、交流することで行動計画を充実させていった。

　フライブルク福音書教会系社会福祉専門大学 (Evangelische Fachhochschule Freiburg) のハイマー (Franz-Albert Heimer) は、Local Agenda 21の研究者として知られる。ハイマーによれば、Local Agenda 21を成功に導く鍵は、"目標の設定"と"実行の方法"のふたつにあるという。

　目標は、持続可能な発展のために経済・社会・環境の三つの均衡を描き、時間と空間の両面に配慮して設定される必要がある。時間的には長期に次世代まで、空間的にはローカルとグローバルな広がりをもって設定されなければならない。

　持続可能な発展への経済的視点は、富の持続的生産におかれ、社会的視点は、生産された富の持続的均衡分配に、環境的視点は、生産と分配の環境的基盤づくりにおかれる。

　各々の視点を図示すると図8-2に示すような交差領域が描かれ、特に重要なことは経済政策、社会政策、環境政策のベクトルが、交差領域の中心に向かうように目標が設定され実施されることである。

　具体的な目標項目は、地域社会の様々なステークホルダーとのパートナーシップにより設定され実施されることが求められる。社会・経済・環境の3要素が交差した目標は、ジェンダー、人種、宗教、障害などを理由にした疎外を克服するソーシャル・インクルージョンを可能にする。したがって目標の設定概念は図8-3のように参加を頂点に描かれる。

　参加の概念は、地域住民のコンセンサスを育み、間接民主制からなる議会を補完する重要性を持っている。すなわち地方自治体がLocal Agenda 21の理念を市民に提唱することで、コンセンサス・オリエンテーションが行われ、その

図 8-2　経済・社会・環境の交差領域

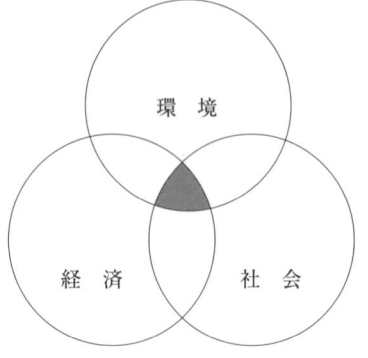

環　境

経　済　　社　会

図 8-3　Local Agenda 21の目標設定概念

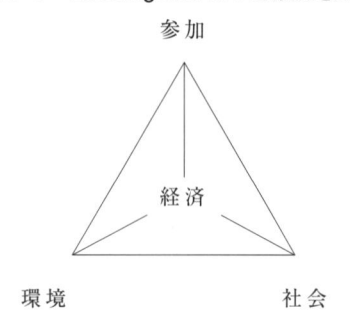

参　加

経　済

環　境　　　　　　社　会

ことによって従来からの行政手法である許認可・規制・補助金などがもたらす効果を超えた、情報共有・納得・行動という新たなガバナンス・モデルが展開されるのである。

　ハイマーは、参加によってコンセンサスが得られ、その方向を具体的にインディケーターで示すことで、比較的容易にパートナーシップ・アクションが起こされていくという。

　ところで、ドイツでのLocal Agenda 21への取り組みは、わが国と比較して対応が遅れていると論じられたことがあった。しかし、わが国でのLocal Agenda 21への対応は、地方自治体が既存の環境条例をもって対応済みとして

いる場合が少なくない。本質的な Local Agenda 21を成功させるためには、地方自治体の構成員による参加とパートナーシップによって経済・社会・環境の三つの持続可能な発展を実現することが重要なのである。

パートナーシップについては、1980年代からイギリスで展開されてきた民間のダイナミズムを活用したパートナーシップ手法が、時として発展の方向性を示すシンボルを失っていると論じられることがある。その一方で、ドイツのパートナーシップは、持続可能性というシンボルを得ても、わが国と同様の財政難の中にあって地域のニーズを満たす計画から実施までを行政が主導することは困難な状況にあり、従来の行政システムからの脱却を図ろうとしてパートナーシップ手法を導入せざるを得ない状況にあるとも捉えられる。

しかし、ドイツでは PPP（Public Private Partnerships）原理を基軸におき、政府部門と非政府部門および民間部門の構成員が同じテーブルにつくことによってローカル・アクションが開始され、地方自治体に存在する政治・経済・社会・環境問題について個々に抽出した社会指標によって情報を共有し、政策に反映するという PDS（Plan-Do-See）サイクルを活用することによって公共政策を改善しようとする。

このような公共政策の実施プロセスは、民主主義に必要なコストと同様、地方自治体に従来発生しなかったコストを生じさせることも事実であるが、そのプロセスを通じて間接的に社会関係資本（Social Capital）が蓄積されることも期待されるのである。

4.1 環境都市"ハム"の事例

具体的な Local Agenda 21への取り組み事例としてドイツ北西部に位置するハム市の事例を掲げることができる。ハム市はノルトライン・ヴェストファーレン州にある人口約19万人の都市で、かつてのルール工業地帯の東端に位置し、地下600～700m に埋蔵した石炭層が開発を誘い、19世紀末から"石炭はパン"といわれるほど人々の生活の中心に採炭が位置付けられ、次第に"ルー

ルに青空を"とのスローガンが掲げられるほど代表的な汚染地域になっていった。

　活況を呈していた炭鉱都市は、石油へのエネルギー転換によって閉山が相次ぎ、人口が激減するとともに社会・経済状態が崩壊寸前となり、暴力や麻薬がはびこるゴーストタウンが現れるようになっていった。

　今回、ハム市を調査対象に選定したのは、このような衰退都市がEUの構造政策（objective-2 [19]）の支援も加わって環境都市に生まれ変わったからである。汚染と衰退の街が1998年に環境団体（ドイツ環境援助）が実施した連邦レベルの"環境都市賞[20]"コンペにおいてはノミネートされた223自治体の中で最高の大賞を獲得するまでに至った。

　コンペの審査項目は、都市の環境計画、自然保護、農林業との調和、水域・水質保全、交通・エネルギー対策、エコ調達、廃棄物対策、環境広報活動、市民参加、Local Agenda 21への取り組みなどを10のカテゴリーに分け、点数評価（最高253点）で競うものであった。

　ハム市が環境都市に生まれ変わったのは、市役所の都市計画局にある「モデルプロジェクト・未来のエコロジカルシティー」事務局が中心的な役割を担ったからであるといえる。ドイツでは整備された法制度と発達した官僚機構のもとで、都市計画においてもFプラン・Bプラン[21]が整備され、都市政策の推進役は行政が担う。今回の調査に応じてくれたのは事務局の中心的存在でありLocal Agenda 21の推進役でもあるドアト（Thomas Doert）であった。

　ドアトは、ドルトムント大学で都市計画学を修め、92年から開始された環境都市プロジェクトに当初から関わった。ドアトが担当するプロジェクトを資金的に支えたのが州政府予算とEUの構造基金であったが、構造基金を獲得するためには一定の要件を満たさなければならない。幾つかの要件のうちで最も重視されるのが地域におけるパートナーシップであった。すなわちアクション・プログラムを地域のパートナーシップによって作成し、実施することが求められたのである。

ドアトが最初に行ったことは、市議会、企業、商工会、環境公益協会、女性団体、青年団体、市民大学、マスコミなど、地域を構成する様々なステークホルダーに対してプログラム策定への参画を呼びかけたことであった。1993年には500人規模の市民フォーラムを開催しコーディネーターも務めた。

市民フォーラムは分野ごとに分割されることになり、都市計画と建築、廃棄物対策、空き地利用などの19のテーマ別に形成され、それぞれがアクション・グループに発展していった。ひとつのアクション・グループは20名前後であったが、中には"未来会議アクション・グループ"のように市民の関心を呼んで数百名を超える規模になり、現在でも市内の7地区で"未来会議"が継続的に開催されている。

過去8年間のアクション・プログラムのひとつにマキシミリアンパークがある（写真8-1）。

約2,000人の炭鉱労働者が住んでいたこの地区一帯は1912年に閉山を強いられ、残された重厚な採炭施設や廃坑跡地が大戦中には捕虜収容所として使われていた。ハム市は跡地整備を60年代から進めてきたが93年から構造基金を活用して環境をテーマとした大規模公園に再生させた。

"炭鉱時代の物をそのまま残そう"をコンセプトにして作られたマキシミリアンパークは、展示館やレストランの整備、学生を対象とした環境教育の実施や自然体験ゾーンの整備によって、現在では年間に40万人以上の入場者を受け

写真8-1　炭坑跡地に作られたマキシミリアンパーク

（著者撮影）

るほどの成功事例となっている。

　しかし、すべてのアクション・プログラムがマキシミリアンパークのように成功しているわけではない。荒廃市有地の植樹プログラムでは、資金集めの段階はパートナーシップによって成功させたが、植樹計画段階に造園知識を持たない行政機関が主導したために過密な植樹となってしまい、後に間伐を迫られるという苦い経験もある。

　これまでにハム市で実施されたアクション・プログラムは550以上にも昇る。それらの幾つかを掲げると、自然に近い校庭づくり、エコロジカルな住宅建設、子供達のための自然に近い遊び場作り、街の緑化、地域の農産物販売、省エネ活動、ソーラー発電パネルの普及、自動車交通の制限、廃棄物対策、環境・余暇地図の作製、未来会議の開催など、市民の"生活の質"に直接関係する項目が多くを占める。

　さかのぼれば廃鉱後にゴーストタウン化したハム市が環境都市を標榜することになったのは、EUの構造政策が三つの州にまたがる地域一帯をリージョン（region）指定し、その中にハム市が含まれていたからである。これをきっかけに州政府がモデル・プロジェクト都市にハム市を選定し、市役所が「未来のエコロジカル・シティー」と「Local Agenda 21」を推進する役割をドアト他3名に与えたことが背景にある。スタート時点で行政がリードした市民フォーラムは、次第にアクション・グループに発展し市民がリードするようになって、市民活動が公共政策を牽引した。

　ところで、構造政策の指定リージョンは、ドイツ全土に広く分布しているわけではない。それは構造政策の本来の目的が、EU域内の地域間格差を是正し、結束を強化するための条件不利地域への支援が中心となっているためであり[22]、旧東独地域を除いては、ほとんどの地域がリージョン指定からはずれているためである。

　また、リージョンに指定されていても、現実には行政界と無関係に設定されていながら、従来の行政圏域の枠組みでプロジェクトが推進されがちとなり、

既成の制度や官僚組織の中にあって、構造基金も幾つかの補助金のひとつであると受け止められる傾向にあり、構造政策のインパクトは一律に大きいとは言い難い。それは、1990年代には比較的余裕があったドイツの財政状況が、近年は州・自治体を問わず悪化傾向にあり、マッチングファンドを求める構造政策に対して充分に応じられない状況に陥っているからでもある。これらの理由のためにドイツの多くの地域に最も大きなインパクトを与えているのは Local Agenda 21 への取り組みであるといえよう。

4.2　自律地区"ボーバン"の事例

ハム市が環境都市に生まれ変わる過程では構造基金や市役所による Local agenda 21 の推進体制が背景にあった。しかし、ドイツの別の地域社会では、市民が"自律の精神"で公共政策を実施している姿がある。

ドイツでは1808年制定の地方自治制度により市民の自治が古くから認められていた。しかし、現実には行政の官僚的、中央集権的体制の中で、中央政府が地方の発言を抑制する方向で干渉し、市民的な諸権利を基にした地方自治には結びつかなかったとされる[23]。

19世紀後半の工業化、都市化の進行は、地域社会に公害などの諸問題を引き起こし、地方行政に対して"サービス主体の官僚機構"を求めることになる。それまでの権威主義的国家が社会的国家へと変わる中で、1919年に制定されたワイマール憲法下では"自治権"が再確認された。しかし、国家社会主義党の台頭で地方の民主政治は解体されてしまうという苦い経験があった。

戦後になり新たに制定された連邦共和国基本法の第28条第2項は、地方自治について次のように規定した。

「市町村に対しては、法律の範囲内において、地域的共同体の全ての事項を、自己の責任において規律する権利が保障されていなければならない。市町村組合もまた、その法律上の任務領域の範囲内において、法律の基準にしたがって自治権を有する。自治の保障には、財政上の自己責任の基盤も含まれ、税率設

定権を有する市町村に帰属する経済関連の租税財源もこの基盤の一部をなしている[24]。」

ここにおいて基礎的自治体（the communes）に保障される権利は、"自己の責任において規律する権利（the right to regulate on their own responsibility）"と記され、自治権が自律権（the right to regulate）と税率設定権（the right to raise their tax）のふたつの権利に依拠し、財政上の自己責任が重視されていることが理解できる。

自律とは、自分で自分の行為を規制することであり、外部からの制御から脱して、自身の立てた規範に従って行動することである。この観念はカントの倫理思想における根本を成すものであり、「実践理性が理性以外の外的権威や自然的欲望には拘束されず、自ら普遍的道徳法を立ててこれに従うこと」[25]を意味する。

地方自治体は各州法のもとで規定されるが、この自律権を獲得しているため地方制度の形態は極めて多様性に富むことになった。

ドイツ南西部のバーデン＝ビュルテンベルク州に環境都市、大学都市として名高いフライブルク市がある。フライブルク市の中心部から南に3km程のところに、市民が自律して街づくりを進めているボーバン地区がある。

ボーバンの街づくりは1994年から市民主導で始められた。きっかけとなった市民の想いは「将来、この街で生活するのは私達である。私達の住む街のことは私達で決めたい。」という極めて自然な想いであり、この小さな自治意識が自律地区ボーバンを誕生させた。

以前は軍用地であった約40haの土地に既に四千人を超える居住者を擁し、その数は年々増加している。今日まで地域づくりをリードしてきたのは、市民による非営利活動組織"フォーラム・ボーバン（Forum Vauban）[26]"であった。その取り組みは、ドイツにおける新たな時代の自治の現状を示すとともに、自治の原点を示しているともいえる。

第二次世界大戦前、ボーバン地区一帯には軍用兵舎と演習場が存在し、敗戦

第8章　持続可能な地域社会の創造に向けて　203

と同時にフランス陸軍が駐留した。45年間の駐留の後、1990年10月3日の東西ドイツ統一を機に軍は撤退し、その跡地をフライブルク市が買い上げた。

1990年当時、市の中心市街地の住民は郊外の安価な住宅を求め、次第に市外に移り住む世帯が増加していた。市は税収が落ち込む中で住民の足止め策を模索せざるを得なかった。

そこでボーバン地区の活用が浮上し、当初は産業団地計画が提案されたが十分な広さを備えているとは言い難く、新興団地開発を選択した。そして市当局は団地開発には従来の手法、すなわち表8-4の(a)欄に示すような行政主導のプロセスで進めようとしたのであった。

この開発プロセスの方針を知った入居希望者は、将来に自分たちが住む建物や街が行政によって一方的に決められることに対し疑問を抱き、(b)欄のようなプロセスを採用することを要請した。

入居希望者の要請は、プロセスの早い段階からの"市民参画[27]"であった。しかし、市当局は市民の専門性に信頼を寄せず、即座には聞き入れなかった。そこでフォーラム・ボーバンは一人の"緑の党[28]"の市議会議員に望みを伝え、議会に市民の声を届けた。

一般的に、住宅団地開発は市民が主体的に行うことは困難で、行政が主導して実施するものという認識が勝っている。団地開発は市場に任しておいては供

表8-4　ボーバン団地の開発プロセス

(a) 従来の団地開発プロセス	(b) フォーラム・ボーバンの要請プロセス
① 行政による計画の作成 ② 行政による工事の発注　⇒ ③ 行政による入居者募集 ④ 行政による管理・運営	① 入居希望者による合意形成フォーラムの設立 ② フォーラムによる望ましい団地構想の作成 ③ 構想に基づく公開設計コンペの実施 ④ 業者と住民との協働建設 ⑤ 住民による団地の管理・運営

給されない公共財(社会的基盤)として行政が建設するか、もしくは大資本を持つ開業業者が行うものとされていた。この意味からも、入居希望者からの要請は"社会実験"の要素をはらんでいた。

しかし、住民の足止め策を求めていた市当局は最終的に要請を受諾せざるを得なくなり、その後1994年にフォーラム・ボーバンが名実ともに始動し、前例のない市民による地域づくりが進行することになる。

ところでフライブルク市が入居希望者の要請を受諾した理由には、別の団地リーゼルフェルド地区[29]での失敗があったからでもある。それは住宅団地計画に住民参加の理念を掲げながらも、既に建設計画が出来上がった状態での参加であった。いわゆる行政による計画の説明会に住民が駆り出されただけのものであった。結果的に入居住民は、不便さや不快さを感じることになり、次第に不満がつのっていった。

また、リーゼルフェルド地区でのもう一つの失敗の理由は、市役所と居住者を仲立つ中立的なミディエイター(仲介者)が存在していなかったからである。ミディエイターは、全体のファシリテイター(進行役)となり、かつ市側のアクレディター(認定役)との架け橋となるべき存在である。ミディエイターが存在しなかったことは、居住者と行政の対立構図を生みだし放置させ、問題解決へのダイアログが引き出されなかった。

リーゼルフェルド地区の失敗に不満を抱いていた人物に先の"緑の党"の市議会議員がいた。議員はボーバン地区では失敗を繰り返してはならないとの強い意志を持ち、計画の早い段階からの市民参画を実現させるように運動した。このことがきっかけとなって2004年10月現在、ボーバン地区の居住者の9割近くが"緑の党"の支持者という特殊性も生まれた。今日、ボーバン地区は良い意味での自己主張ができる地域となり、名実ともに自治を勝ち取った地域として公共政策を"自律の精神"で行うことになった。

1994年にフォーラム・ボーバンが正式に設立され、白図を前にして将来自分達が住む予定の建物や街について話し合い、様々な考えを出し合うことによっ

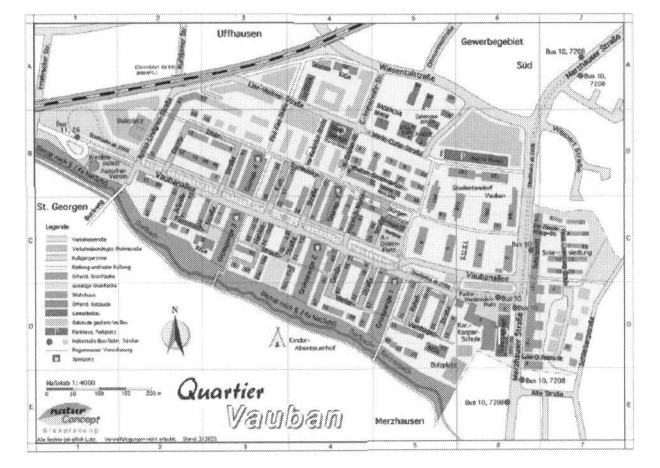

図8-4　ボーバン地区の平面図

出所：http://www.vauban.de/karte/

て街のコンセプトや具体的な構想を築き上げていった（図8-4）。

　そこで得られた代表的なコンセプトは、"街は人々が眠るためだけの場所ではなく、人々が一緒に暮らすための魅力的な空間でなければならない"である。このコンセプトの実現のためにワークショップ方式により幾つかの街づくり策が生み出されていった。そしてフォーラム・ボーバンが作成したコンセプトと具体的施策をもとに公開型設計コンペが実施され、80社の中から1社の計画を採択し建設を進めることになった。

　約40haの空間に居住者数5,000人を目標にした住宅団地は、約7割が持ち家で残りの約3割が組合住宅と民間賃貸住宅となった。旧軍隊兵舎は賃料を押さえた学生寮と公益会館に改装され、既にフライブルク大学の学生約600人や公益団体が入居する。

　フォーラムでまとめられた具体的施策の内から幾つかを取り上げると以下のようなものが掲げられる。

(1) 環境を優先した便利な生活

"便利でありながら環境に負荷をかけない暮らしがしたい。"この様なコンセ

プトは環境に負荷をかける自動車が無くても生活の利便性を低下させないために、中央通りに商店を配置し、近隣スーパーマーケットと提携して宅配サービスを受けるようにした。また、近隣農家と契約して新鮮な食材の産直市を開催している。

　環境面では様々な具体策が出され、家庭から出るごみの分別収集、生ごみのコンポスト設備での堆肥化、発酵過程から出るメタンガスの調理エネルギーへの利用、小型ブロック式コジェネレーション[30]によるエネルギー利用、屋根へのソーラーパネルの設置、勾配10%以下の屋根の緑化、雨水のトイレ洗浄水への利用や地下水涵養と緑化水源、年間消費熱量を抑えたパッシブハウス[31]の建設などを実現させた。また、賃貸住宅の家賃を押さえるためにスージー[32]・プロジェクトを実施し、ドイツの平均家賃の半額以下を実現している。

　(2)　自動車に煩わされない街

　"自動車による騒音や排気ガス、路上駐車、交通事故はいらない。"この素朴なニーズはボーバン地区から自動車交通を無くすことにつながった。自転車と歩行者さらに車椅子のような社会的弱者に道路が開放され、道路という公共空間に人々が安心して歩行する姿が戻った。

　世界第三位の自動車大国であるドイツでありながら、ボーバン地区の自動車の所有率は千人当たり約150台で、ドイツ平均の500台、フライブルク市平均の400台を大きく下回る。ここに至るフォーラムのワークショップ・メンバーの自律意識は、自動車の利便性を認めながらも、生活空間から自動車を無くすために、地区の入り口に立体駐車場を整備し、立体駐車場から住宅までの路面電車を整備し、さらに、カーシェアリング・システムを活用することにした。

　(3)　人々が向き合える魅力的な街

　"人々が向き合えて魅力的な街にしたい。"この願いは、団地のブロック形状をU字型にして玄関同士を道路を挟んで向き合わせ、さらに裏庭をコモン・グリーン（共有緑地）として豊かな公共空間を創り出した。また、建築費や暖房の熱発散量を抑えるためには集合住宅が有利であるため長屋形式を選択し、

写真 8-2　家族毎に個性を持たせた集合住宅とコモン・グリーン

（著者撮影）

しかし、一家族ごとに個性を持たせる工夫を生み出した（写真 8-2）。さらに、旧兵舎の外観は芸術家のボランティアによって個性的で美しい塗装が施された。

(4) 住民による管理・運営

"街の管理・運営は自分たちで行いたい。"フォーラム・ボーバンは住民による街づくりの継続をめざして定期的なワークショップを開催し、より良い生活のために活動をする。これまでのワークショップから様々なアクション・グループが生まれ、その幾つかを掲げると、(1)入居者支援グループ（新しい入居者をサポートする）、(2)環境エネルギーグループ（環境にやさしい街づくりを実現するための取り組みを行う）、(3)市民提案グループ（住民の声を集約し市議会に意見を伝える）、(4)地区評議会（役所の担当者も参加する評議会）、(5)母親会（子供たちの安全を確保する）、(6)景観創造グループ（地区内の景観を高める活動をする）、(7)自治会館グループ（旧兵舎を活用して集会所を作る）、(8)産直グループ（毎週木曜日夕方に農家と提携して産直市を開催する）などがある。このように団地の持続的発展に必要な機能が内発的に生まれ、そこには行政に頼らない自律した姿がある。

現在、ボーバン地区で目にするものはフォーラム・ボーバンが主導して造りだしてきたものである。それらは行政主導では生まれ得なかった工夫が施さ

れ、住民に"生活の質"の向上をもたらした。

調査を行った2004年10月現在、フォーラム・ボーバンの会員数は450人であり、運営は会員の会費のみで行われ、一人当たりの年間会費は30EUR（約4,000円）であった。途中、環境重視の街づくりを推進したことによってドイツ環境基金とEUの環境プログラム（LIFE）からの支援も得たが、フォーラム・ボーバンにみられる自治の姿は極めて自律的でアクション・グループの活動は経済的自立も果たされていた。

調査を終えた一ヶ月後の2004年11月、フォーラム・ボーバンは十年間の活動に終止符を打って解散した。その原因は明らかにされないが、フォーラム・ボーバンが一定の成果を収めたことや個々の役割をアクション・グループが引き続き担っているからであろう。

これまでフォーラム・ボーバンは、人々の望みを汲み取って街のコンセプトと具体策を作成し、住民と市当局をつなぐミディエイターとなり街づくりをリードしてきた。フォーラムに出されたアイデアを実現するためには、政府の厳しい建築規制（B-plan）を乗り越える必要もあったが、その都度"自律の精神"で乗り越えてきた。

ボーバン地区の今後の発展形態は、住民による街づくりの実証事例として海外からも注目され、当初から社会実験と受け止められながら現実に生活している人々は今日でも高いアイデンティティをもって生活している様子がある。

5　結びにかえて─地方自治体の役割─

地域社会が持続的に発展し、豊かな公共空間が創造されるためには、その時代の公共性や公共政策のあり方が影響し、地域特有の政治・経済・社会・環境の状態が考慮されなければならない。さらに地域特性だけではなく、若者の生活空間へのニーズが、生活や余暇活動の充実、賑わい、先端ニーズなどに現れ、また、高齢者のニーズが、生活環境のバリアフリー、居住空間の充実、リ

ライフの充実などと多様化していることも考慮されなければならない[33]。すなわち、地方自治体が行う公共政策が住民のニーズと照合されて政策の選択が行われていれば良い地域社会が創られてゆくが、住民のニーズに無関心であるとその限りではないということである。

そのため地方自治体が参加プロセスの社会的コストを回避しようとすれば、住民のニーズ情報をできる限り効率的に得る必要があり、モニタリングやアンケートなどの従来の方法だけではなく、情報技術を活用することが政策課題の発見や有効な政策立案の手段として位置づけられる[34]。

以上より地方自治体が持続可能な地域経営を行うためには地域マネジメントを行うことが求められ、その時、これまで見てきたように公共領域にPPP領域が拡大し、パートナーシップ型社会が浸透しつつあるなかでは、地方自治体のマネジメント手法も、従来型の地方自治体による予算執行計画（plan）、事業実施（do）、支出（output）という管理（control）型の行政運営から、PPP型社会に適合したマネジメント手法に変化してゆかなければならない。それは、地域社会を「公・共・私」型社会[35]の区分に従って示すならば、以下のようなマネジメント・プロセスによって描けるであろう。

(1) 地方自治体と地方議会が属する「公」は、個人や企業が属する「私」とNPO等の「共」の領域にある政策課題を現場に近いところで求める。そのためには、「公」は「私・共」と密接なパートナーシップの関係を築く。

(2) 「公・共・私」が相互に情報共有の行われる環境を整備して社会指標を共有し、地域社会内外の環境変化を過去・現在・未来の動きの中で把握する。そのなかで豊かな公共社会に対するコンセンサスを共有し、地域社会の公共性や公共政策を改善してゆく土壌づくりをする。

(3) PPP原理が反映された政策方針とアクション・プランを策定し、持続可能性評価によって政治・経済・社会・環境の領域から時間的・空間的に広がりを持たせた評価を行い、評価結果から得られた政策を「公・共・私」が共有することでパートナーシップ・アクションに繋げてゆく。

(4) パートナーシップ・アクションに対して「公」は的確な支援を行い、同時に持続可能性評価を行うことでさらに改善してゆき、その結果生じた状態を社会指標に反映してゆく。

　以上のようなプロセスは、類似形としてNPM（New Public Management）の理論からPlan-Do-See-Check-Actionサイクルとして示されてきた。しかし、個々の政策過程の内容に及んで示されたものはなく、ドイツのLocal Agenda 21の経験に学ぶことで地方自治体のマネジメント・プロセスが描かれ、そのことによって地方自治体の役割が鮮明になってくるであろう。

　わが国では、戦後、中央集権体制によって整備されてきた社会資本が土台となって、世界第二位の経済大国を築き上げた。しかし、それは全国を生産工場の姿に変えた結果であり、欧米に比較して文化、芸術、さらに人々の生活の質は、相対的に依然と低い水準にあるといってよい。この状況は、多くの自治体が地域社会の現状を示す適正な社会指標を持たず、地域の持続的な発展の姿に対して市民や地元企業のみならず地方自治体や地方議会さえも共通したコンセンサスを持たないことから生じているといえよう。

　地方自治体に求められることは、現代社会に求められる公共政策を実施してゆく上で、持続可能な地域社会を描く社会指標づくりを通じて自律できる地域を描くことであり、コンセンサスに基づく公共政策を推進することであろう。それは公共政策をとりまく状況が時代とともに変化する中で、政治・経済・社会・環境の領域にバランスのとれた評価が行われることによって可能となり、何よりも住民の参加を重視して進められるべきであろう。

　現在、わが国では各種環境問題の発生のみならず、IT社会の急速な進展、外交問題、経済のグローバル化、少子高齢化、地域間格差の拡大、異常犯罪の多発、個人の心理的豊かさへ欲求の増大という状況変化のもとで、NPO法人は1999年時点で1,125団体であったものが2006年時点では26,395団体にも急増し、その活動分野も保険・医療・福祉（57.2%）、社会教育（46.8%）、NPO支援（44.9%）、まちづくり（40.3%）、子供の健全育成（39.8%）、学術・文

化・芸術・スポーツ（32.2％）、環境保全（28.6％）、国際協力（20.8％）などと[36]、非営利団体の存在が公共政策の行動主体として欠かせない公共社会へと変貌した。それらの団体は多くが小集団からなり、それ故に自らのモチベーションによって行動するため、公共政策の一端を担う地方自治体は、公共社会が抱える複雑な現実的課題に対して社会の多様なアクターと共に情報共有することによって、求められる支援を的確に行い豊かな公共社会を自律的に創り上げていく機動的なパートナーとして期待される時代が到来しているといえるであろう。

　＊　本章は、松阪大学大学院政策科学研究科への学位論文『分権型社会における準公共財の供給と地方政府の行動特性』（2005）第6章と、三重県が発行する『地域政策』（2005）No.14への掲載文「EUのサステイナブル志向とドイツのローカル・アジェンダ21」およびNo.16への掲載文「ドイツの地方自治と自律について考える―フライブルク・ボーバン地区の事例から」を合わせて加筆修正したものである。

注
 1）大義名分は公なり表向きなり。廉恥節義は私に在り一身にあり。一身の品行相集て一国の品行と為り、その成跡、社会の事実に顕われて盛大なるものを目して、道徳品行の国と称すなり。
 2）今田（2001）を参照されたい。
 3）松下（1971）を参照されたい。
 4）高橋（2002）を参照されたい。
 5）齋藤（2000、pp. vii-xi）を参照されたい。
 6）金（2001、pp. 85-86）を参照されたい。ただし、私の精神的確立にはクライアント・デモクラシーのようなネオ・クライエンテリズムの問題を打破しなければならないことが課題となる。
 7）承認プロセスについて、例えば五井（1995、pp. 80-83）は合意到達過程と表現し、政策決定プロセスを、政府選好システム、政策決定システム、諸個人の選好システム、制度的環境条件、最終的決定システムによって描き、それに対して経済の調整システム、市場チャネル、政治的チャネルが情報フローの中に組み入れられたシステムを提供している。
 8）宮川（2002、p. 124）を参照されたい。
 9）宮本（1998、p. 87）を参照されたい。
10）ただし、経済学の分野からも、例えばOates（1988、pp. 95-96）は、住民の関心事は最終消費の質にあるとして、学校教育の質、街の安全度、住環境の魅力などを

掲げて地域社会を分析しようとしていた。
11) 小宮山（2004）を参照されたい。
12) 丸尾（1993、pp.37-56）を参照されたい。
13) 政策形成とは、社会問題の認識、政策課題の設定、政策案の模索、政策を巡る利害の調整、政策の確定、政策の実施、政策効果の評価という一連の活動段階の過程として捉えられる。また、政策評価とは、決定され、実施された政策が、どの程度当初の問題を解決し、目的を達成したかという政策の効果について評価を行うことである。その基準は、能率、効果、節約された費用、平等性、変化の弾力性、市民参加の程度、予測可能性、適正手続などがある。本田（1993、pp.236-39）を参照されたい。
14) 欧州悲観主義と訳される。
15) フランス、ドイツ、イタリア、オランダ、ベルギー、ルクセンブルク、イギリス、アイルランド、デンマーク、ギリシャ、スペイン、ポルトガル、オーストリア、スウェーデン、フィンランド、チェコ、エストニア、キプロス、ラトヴィア、リトアニア、ハンガリー、マルタ、ポーランド、スロヴェニア、スロヴァキアの25カ国からなる。
16) EUの地域政策とは、構造政策ないし結束政策のことである。結束政策とは、ギリシャ、ポルトガル、アイルランド、スペインという後発加盟国でGDPの小さい加盟国への支援を目的とした政策である。
17) 2006年現在、第11総局は環境総局となり、第16総局は地域政策総局となっている。
18) 白石他（2002、p.193）の表8-3を参照されたい。
19) objective-2は、経済と社会の構造転換の影響を被っている地域への支援を目的とする。
20) 同賞は「自然と環境保護の連邦首都」に与えられるもので環境首都賞とも称され、1989年から98年まで続いた。
21) ドイツでは1960年に都市計画の基本法として制定された連邦建設法により、準備的建設誘導計画であるFプラン（Flaechennutzungsplan）と、拘束的建設誘導計画であるBプラン（Bebauungsplan）の二段階の法定都市計画制度が整備されている。
22) 白石（2002、p.442）を参照されたい。
23) 19世紀初頭までの封建国家においては市民は周縁的な地位におかれた社会階層（marginal social groups）であり、そのころは有産階級だけが政治的な意志決定に影響を及ぼすことが出来るにすぎなかった。木佐監修（1997、p.341）を参照されたい。
24) 全国自治会他（2004、p.77）を参照されたい。
25) 広辞苑（第五版）岩波書店による。
26) ドイツ語の正式名称は、Forum Vauban e. V. である。e. V. とは、eingetragener Verein（登録団体）の略で、法律で認められた税制上の優遇措置などを受け

られる非営利公益団体を意味し、わが国の特定非営利活動促進法（NPO法）に基づくNPO法人がもっとも近い概念である。フォーラム・ボーバンは、その活動内容において都市計画のプロジェクトチームのような性格をもっている。池田（2005）を参照されたい。
27) 参画は計画に加わることであって、単なる参加と区別される概念である。
28) 緑の党は80年来の"下からの政治の復権"をリードし、既成政党の社会民主党（SPD）やキリスト教民主同盟（CDU）、自由民主党（FDP）に対して、この新しい政治が"政治を豊かにするもの"であることを理解させるだけの影響力を持っていた。
29) リーゼルフェルド地区は、フライブルク市郊外の住宅団地で、行政主導で環境を重視した開発を行った。
30) 1種類の燃料から同時に2種類のエネルギーを供給すること。
31) ドイツでは省エネルギー型住宅をパッシブハウスという。ボーバン地区はドイツ最大のパッシブハウス団地となった。
32) スージーとは、"独自で住まいを作る"の意味を持つ略称である。
33) 幸田他（1995、pp. 134-44）を参照されたい。
34) 西尾（1997）を参照されたい。
35) 富野（2003）を参照されたい。
36) 内閣府の調査（2006）による。割合は複数回答を認めた数値であるため合計は100％にならない。http://www5.cao.go.jp/seikatsu/whitepaper/h18/01/_honpen/html/06sh_dat_50.html#dat502を参照されたい。

【引用文献】

五井一雄（1995）『経済政策原理（三訂版）』税務経理協会。
本田弘（1993）『行政管理のシステム』頸草書房。
福沢諭吉（1901）「丁丑公論緒言」坂本多加雄編（2002）『福沢諭吉著作集 第9巻 丁丑公論 痩我慢の説』慶應義塾大学出版会、pp. 34-73。
池田憲昭（2005）「車社会と折り合いをつける―フライブルク市ボーバン地区の交通コンセプト―」（ライブラリ No, 068）。(http://www.eic.or.jp/library/pickup/pu050317.html)
今田高俊（2001）「社会学の観点から見た公私問題」佐々木毅・金泰昌編『公と私の社会科学』東京大学出版会。
今泉みね子（2001）『フライブルク環境レポート』中央法規出版。
金泰昌（2001）「新しい公共性を考える」佐々木毅・金泰昌編（2001）『公と私の社会科学』東京大学出版会。
木佐茂男監修（1997）『地方自治の世界的潮流―20カ国からの報告（下）』信山社。
小宮山康朗（2004）「地域の豊かさをどう評価するのか？―「持続可能なコミュニティ指標」への試み」『日本地域政策研究 第2号』日本地域政策学会、pp. 159-66。

幸田雅治・佐々木敦朗・長谷川彰一・三輪和夫（1995）『地方行政活性化講座①地域づくり戦略』ぎょうせい。

丸尾直美（1993）『総合政策論』有斐閣。

松下圭一（1971）「市民参加とその歴史的可能性」松下圭一編『市民参加』東洋経済新報社、pp. 173-243。

宮川公男（2002）『政策科学入門（第2版）』東洋経済新報社。

宮本憲一（1998）『公共政策のすすめ―現代的公共性とは何か』有斐閣。

西尾勝（1997）『講座行政学』有斐閣。

Oates, W. E., (1988), "On the Measurement of Congestion in the Provision of Local Public Goods," *Jornal of Urban Economics*, 24, pp. 85-94.

齋藤純一（2000）『公共性』岩波書店。

白石克孝・富野暉一郎・広原盛明著（2002）『現代のまちづくりと地域社会の変革』学芸出版社。

高橋克紀（2002）「市民参加像の再考：コントロール理論と公共圏」『公共政策研究 第2号』日本公共政策学会、pp. 177-186。

富野暉一郎（2003）「自治体における公共空間―地方分権と公・共・私型社会」山口定・佐藤春吉・中島茂樹・小関素明編『新しい公共性 Frontiers of New Publicness』有斐閣、pp. 271-290。

山口定（2003）「新しい公共性を求めて―状況・理念・基準」山口定・佐藤春吉・中島茂樹・小関素明編『新しい公共性 Frontiers of New Publicness』有斐閣、pp. 1-28。

全国社会福祉協議会（2002）『ボランティア活動年報』。

全国自治会（2004）『地方自治の保障のグランドデザイン』（財）都道府県会館。

索　引

事　項

あ

足による投票	5
アクション・プログラム	198–200
歩けるまち	161, 168
RDF	98, 104, 110
RDF発電	10, 98, 102
RPS法	134, 137
１次エネルギー	127
彩	61
―産業	91
―の里	89
宇宙船地球号	2, 25
宇宙飛行士経済	25
エコタウン事業	4, 31, 32
エコマネー	82–85
X–効率	11, 15
X–非効率	15
NPO	57, 62, 86, 111, 136, 141, 165, 167, 169, 182, 209, 210
オガコ	49, 50

か

外部性	17
外部費用	28
外部不経済	26, 156
カウボーイ経済	25
樫原の棚田	90, 91
過疎地有償輸送	152, 163–168
金沢オムニバスタウン計画	159, 160
カーボンニュートラル	75, 128
上勝	
―ゼロ・ウェイスト宣言	97
―リサイクルタウン計画	49
―晩茶	61
―方式	74, 92
上勝町	
――ゼロ・ウェイスト宣言	97
――ごみゼロ（ゼロ・ウェイスト）行動宣言	97
――バイオマス利用促進会議	77
――有償ボランティア輸送特区	165
環境と経済の好循環のまちモデル事業	1, 78, 128, 140
環境都市	197, 198, 201
間接式ガス化	133
企業の社会的責任	87, 97
機会費用	12, 73, 92
環境――	35
社会的――	92
逆都市化	156
京都	
―会議	45
―議定書	14, 153
Clineモデル	34
クリーナープロダクション	31
Kパーク	159, 160, 161
欠陥ゼロ	32
公・共・私	209

公共性	182-186, 208, 209	────地域社会	92, 147, 158
交通権	156, 157	資源────社会	23, 31, 97, 98
交通需要マネジメント(TDM)	151, 159	循環型社会形成推進基本法	3, 23, 24, 56
厚生経済学	27	新エネルギー	127, 132, 145
コジェネレーション	75, 143, 147, 206	────政策	58
ごみ処理のモジュール化	62	森林環境税	135, 148
ごみゼロ	12, 46, 101, 108	スローライフ	9
────社会	39, 98, 100	制度	
────社会実現に向けた基本方針	99	─資本	9, 156
────社会実現プラン	39, 98-101	─の欠落	29
コンパクトシティ	156	─の失敗	29
コンポスト	49, 50	生活の質(QOL)	152, 157, 158, 168, 169, 186, 187, 192, 200, 208

さ

サーマルリサイクル	35, 100, 101,
市場	
─の欠落	28
─の失敗	28
資源効率性	32
資源生産性	36
持続可能性	16, 91, 92, 151, 152, 181, 184, 186, 187, 190-193, 197, 209, 210
自然資本	9, 33, 36, 156
市民参画	203, 204
社会指標	181, 186-191, 209, 210
社会資本	151, 156, 157
社会的共通資本	9, 156, 157
社会的公正性	29
社会的損失	23, 26-30, 36, 38-40
社会的費用	13, 23, 26-30, 33-36, 38-40, 62, 158
────の階層性	40
────の動態化	39
社会的便益	30, 158
受益者負担の原則	158
循環型	
────社会	2-4, 16, 17, 45, 169
────社会システム	26, 39

生産者責任	33
拡大────	17, 38, 40, 97, 103, 107
ゼロ・ウェイスト	2, 8, 12-14, 16, 30-33, 36, 39, 40, 46, 55, 57-61, 74, 97-99, 101-104, 106-108, 110, 111, 140, 148
────カード	74, 83, 85
────スクール	57, 58, 84
────政策	23, 30, 39, 40, 46, 57, 58, 61, 74, 86, 91, 98, 100, 101, 103, 104, 109-111
────宣言	32, 33, 46, 56, 57, 60, 76, 97, 98, 104, 106-109, 140
ゼロ・エミッション	13, 30-33, 101
ゼロ成長の定常状態	8

た

ダイオキシン類対策特別措置法	52
大量廃棄型社会	24, 39
第4のサブ・システム	111
脱埋立	8, 39, 40, 97, 99, 101, 102, 110
脱焼却	8, 39, 40, 97, 100-102, 110
炭素税	35

索　引　217

地域マネジメント　2, 209
地域主権　186
地域通貨　3, 79, 81-85, 91, 168
地域内循環　128, 148
(地球)温暖化　34, 45, 56, 76, 153
──────対策　34, 35, 81
──────防止(費用)　34, 35, 75, 81, 139
チップ　77-81, 84, 135, 137, 139, 140, 147
────ボイラー　77, 78, 140
　ホール────　49, 50
直接式ガス化　137
デポジット制　56
田園ルネサンス　86

な

内部化　29, 36, 38
生ごみ　49
────処理機　49, 50
────の堆肥化　50
2005年エネルギー政策法(包括
　エネルギー法)　132
日本で最も美しい村　74, 86, 88, 89
ネオ・ルーラリズム　86

は

廃棄物の処理及び清掃に関する法律　24
バイオエタノール　132
バイオテクノロジー　132
バイオマス　74, 75, 84, 127-130, 132, 139,
　　　　　145, 147, 148
──────エネルギー　75, 76, 127, 128,
　　　　　145, 147, 148
──────製品　75
──────タウン　128, 130
──────発電　141
　畜産──────ガス発電　136, 142
　木質──────　74-77, 80-82, 85, 91, 128,
　　　　　131, 140, 144, 145, 148,
　　　　　168

木質────エネルギー　76-78, 143
木質────ガス化発電　134, 142
木質────ガス化発電施設　133, 139,
　　　　　142, 146
木質────発電　132, 137, 142, 148
バイオマス・ニッポン総合戦略　75, 129,
　　　　　139
排出者責任　40, 97, 103
パークアンドバスライド(P&BR)　159
パークアンドライド(P&R)　152, 159, 162
80条バス　165
バック・エンド・シンカー　39
パートナーシップ　169, 181, 195-198, 209,
　　　　　210
花嫁のれん　104, 105
PDSサイクル　197
PPP　197, 209
日比ヶ谷ごみステーション　49, 52, 58, 60,
　　　　　61
費用便益分析　34
負の財　13
フランスで最も美しい村　86-88
フロント・エンド・シンカー　39
分断型社会システム　25, 26, 30, 39
ペレット　77, 137, 139
────ストーブ　139
ポジティブ・フィードバック　155, 163

ま

マイクロ水力　127
マルチモーダル(MM)　151, 159
三重県新エネルギービジョン　145
緑の党　194, 203, 204
もったいない　13, 14, 105

ゆ

有償ボランティア輸送　163, 165-167
雪だるま方式　155
ヨーロッパで最も美しい村　88

4 L 110

ら

ライフサイクルアセスメント (LCA) 35
Local Agenda 21, 188-192, 194-198, 200, 201, 210
ロードプライシング 161

人 名

Bobrow, D. 4
Boulding, K. 25
Braungart, M. 37
Ceyrac, C. 87
Clark, J. M. 26
Cline, W. R. 34
Connet, P. 32, 38, 55, 58, 106, 107
de Silguy, C. 14
Doert, T. 198-200
Dryzeck, S. 4
Heimer, Franz-Albert 195
Kapp, K. W. 26-30, 36, 40
Knight, F. H. 26
Lovins, A. B. 16
Marshall, A. 17
McDoneugh, W. 37
Metz, D. H. 157
Michalski, W. 26, 27
Murray, R. 32, 33, 35, 36, 38
Pigou, A. C. 26
Seligman, E. R. A. 26
Schumacher, F. E. 61
Smith, Adam 17
Maathai, W. 14
Willmot, C 103

天野明弘 34
石坂丈一 108
五木寛之 14
植田和弘 24, 25
宇沢弘文 156
大森宣暁 157
大西隆 156
笠松和市 56, 76, 89
加藤敏春 82, 85
金泰昌 183
桑子敏雄 11, 14
小池百合子 1, 57
小林潔司 155
高寄昇三 25
寺西俊一 27, 28
西原茂樹 103
浜田哲 88
早川伸二 166
広瀬立成 108
福沢諭吉 182
星場眞人 166, 167
松岡夏子 58
松島格也 155
松尾雅彦 88
宮川公男 184
八木信一 39
山口定 183

地 名

赤井川町 (北海道) 86
大蔵村 (山形県) 86
大鹿村 (長野県) 86
オーストラリア 56

金沢市（石川県）	152, 154, 159–162, 168
釜石市（宮城県）	4
上勝町（徳島県）	2, 4, 14, 33, 45–50, 55, 56, 58–62, 74, 76, 77, 81–86, 89–92, 97, 102, 109–111, 140, 141, 152, 153, 163–168
カリフォルニア州サンフランシスコ市（アメリカ）	32, 56, 58
キャンベラ市（オーストラリア）	32
国母工業団地	31
白川村（岐阜県）	86
ドイツ	1, 56, 88, 181, 188, 191, 193, 196–198, 200–203, 206, 208, 210
中能登町（石川県）	104
七尾市（石川市）	98, 103, 104, 106
ニュージーランド	33, 56–58, 103
ハム市	197–201
美瑛町（北海道）	86, 88, 89
フライブルク	202–206
ホッケンハイム市	188, 189
牧之原市（静岡県）	98, 101, 103
松阪市	145–147
三重県	98–102, 144, 145
南小国町（熊本県）	86
水俣市（熊本県）	4, 108, 109
町田市（東京都）	98, 107–109
吉田町（静岡県）	102
ラインフェルデン市	190, 191

法人・団体名

NEDO	133, 136, 141, 146
伊那食品工業株式会社	88
株式会社アークス	88
株式会社かみかついっきゅう	77, 140
株式会社上勝バイオ	49
株式会社徳島バス	163, 164
株式会社もくさん	78, 80
カルビー株式会社	88
くずまき高原牧場	138
葛巻林業株式会社	137, 139
グリーンピース・ジャパン	55
世界で最も美しい村国際連合	88
ゼロ・ウェイストアカデミー	57, 58, 62, 109, 111, 165, 166
中外炉工業株式会社	133, 141, 142
月島機械株式会社	137, 138
辻製油株式会社	146, 147
徳島中央森林組合上勝支所	49, 84
ニュージーランド・ゼロウェイスト・トラスト	57
フォーラム・ボーバン	202–205, 207, 208
山口テクノパーク	133, 136, 137, 142
ローマクラブ	1

執筆者一覧 (執筆順)

寺本　博美　　三重中京大学地域社会研究所所員、同大学現代法経学部・同大学大学院政策科学研究科教授、経済学博士（中央大学）（第1章、第3章、第4章）。

若山　幸則　　三重中京大学地域社会研究所研究員、同大学客員研究員、松阪市役所（第2章、第3章、第4章、第5章）。

濱口　高志　　三重中京大学地域社会研究所研究員、同大学大学院政策科学研究科博士課程（第3章、第4章、第6章）。

大谷　健太郎　三重中京大学地域社会研究所研究員、同大学大学院政策科学研究科博士課程（第3章、第4章、第7章）。

鈴木　章文　　三重中京大学地域社会研究所研究員、三重県庁、博士（政策科学、松阪大学）（第3章、第4章、第8章）。

三重中京大学地域社会研究所叢書　8

循環型地域社会のデザインと
ゼロ・ウェイスト

2007年2月25日　初版第一刷発行Ⓒ

編著者　寺　本　博　美

発行者　廣　橋　研　三

発行所　和　泉　書　院
〒543-0002　大阪市天王寺区上汐5-3-8
電話　06-6771-1467
振替　00970-8-15043
印刷・製本　亜細亜印刷

ISBN978-4-7576-0397-4　C3336　装訂／濱崎実幸

◆松阪大学地域社会研究所叢書①〜⑥◆
◆三重中京大学地域社会研究所叢書⑦〜◆ （価格は5％税込）

書名	著者	番号	価格
伊勢商人　竹口家の研究	竹口作兵衛・中井良宏　監修 上野利三・髙倉一紀　編	1	3675円
尾崎行雄の選挙 世界に誇れる咢堂選挙を支えた人々	阪上順夫　著	2	4725円
地域に生きる大学	中井良宏・宇田　光 片山尊文・山元有一　共著	3	3675円
地域政治社会形成史の諸問題	上野利三　著	4	3150円
21世紀地方都市の活性化 松阪市と小田原市の比較研究	阪上順夫　著	5	4725円
地域文化史の研究 三重の衣食住と高松塚壁画・暦木簡を論ず	上野利三　編著	6	3360円
三重県の行政システムはどう変化したか 三重県の行政システム改革（1995〜2002年）の実証分析	吉村裕之　著	7	4725円
循環型地域社会のデザインとゼロウェイスト	寺本博美　編著	8	3990円